Regional Differences in Industrial
Carbon Emissions and Environmental Regulation
Optimization in Western China

西部地区
工业碳排放地区差异与环境规制优化研究

王艳林　郝永亮　著

中国财经出版传媒集团

经济科学出版社
Economic Science Press

图书在版编目（CIP）数据

西部地区工业碳排放地区差异与环境规制优化研究/
王艳林，郝永亮著．—北京：经济科学出版社，2021.9
ISBN 978 - 7 - 5218 - 2901 - 3

Ⅰ.①西…　Ⅱ.①王…②郝…　Ⅲ.①地方工业 - 二
氧化碳 - 废气排放量 - 区域差异 - 关系 - 区域环境 - 环境
经济 - 环境管理 - 研究 - 中国　Ⅳ.①X511②X196

中国版本图书馆 CIP 数据核字（2021）第 194672 号

责任编辑：李　宝
责任校对：杨　海
责任印制：王世伟

西部地区工业碳排放地区差异与环境规制优化研究
王艳林　郝永亮　著
经济科学出版社出版、发行　新华书店经销
社址：北京市海淀区阜成路甲 28 号　邮编：100142
总编部电话：010 - 88191217　发行部电话：010 - 88191522
网址：www. esp. com. cn
电子邮箱：esp@ esp. com. cn
天猫网店：经济科学出版社旗舰店
网址：http：//jjkxcbs. tmall. com
北京季蜂印刷有限公司印装
710 × 1000　16 开　13.5 印张　210000 字
2021 年 9 月第 1 版　2021 年 9 月第 1 次印刷
ISBN 978 - 7 - 5218 - 2901 - 3　定价：55.00 元
（图书出现印装问题，本社负责调换。电话：010 - 88191510）
（版权所有　侵权必究　打击盗版　举报热线：010 - 88191661
QQ：2242791300　营销中心电话：010 - 88191537
电子邮箱：dbts@ esp. com. cn）

前 言
PREFACE

　　改革开放 40 多年来，中国经济高速发展，但环境污染和生态破坏等问题也愈加严重。党的十八大将生态文明建设纳入中国特色社会主义事业"五位一体"总体布局。党的十九大明确提出"为把我国建设成为富强民主文明和谐美丽的社会主义现代化强国而奋斗"。为了实现绿色和谐和生态文明，我国政府制定了相关政策强化污染治理。中国政府在 2009 年哥本哈根气候大会上承诺，2020 年碳排放强度比 2005 年下降 40%～45%；2015 年在巴黎气候大会上，中国政府承诺 2030 年碳排放强度比 2005 年下降 60%～65%。《"十三五"控制温室气体排放工作方案》明确提出，到 2020 年，中国碳排放强度比 2015 年下降 18%。上述减排承诺一方面展现了中国作为一个世界大国在全球温室气体减排进程中的责任担当，另一方面也表明了中国对于绿水青山的再次肯定和碳减排力度的全面升级。

　　西部地区横跨中国 12 个省份，其经济发展水平直接关系整个国家的经济发展水平，其碳减排的成效也直接决定整个中国的碳减排绩效。

　　本书遵循"现状分析→原因分析→政策影响→政

策优化"这一分析脉络，首先，对西部地区工业碳排放地区差异进行描述，刻画西部各地区在碳排放总量、碳排放强度和人均碳排放量等方面存在的差异以及各地区碳排放呈现的基本特征和变化规律；其次，基于分解法，对西部地区工业碳排放区域差异的驱动因素进行分解，以寻找不同地区碳排放的主导因素及其贡献率；再其次，从地区异质性的角度出发，分析环境规制强度和环境规制工具对西部不同地区碳减排效率的不同作用机理和不同影响程度，探索不同环境规制工具在西部不同区域的适用性和有效性；最后，结合上述理论分析和实证研究有针对性地提出西部地区工业碳排放的环境政策优化。

本书对西部不同区域的碳排放总量、人均碳排放量和碳排放效率进行了详细测算，并用客观数据反映出经济增长与碳减排潜力的地区差异，能够为西部地区进一步制定有利于技术创新、产业结构升级和能源结构调整的政策提供详细的定量化信息，从而使得碳减排政策的制定更加科学化和系统化。另外，本书通过理论分析和实证检验的方式研究了不同强度的环境规制和不同形式的环境规制工具对微观企业和中观行业碳减排的作用方向和作用强度，有助于政府部门对各种环境规制工具的适用性、合理性和可操作性形成直观的理解和判断，从而根据政策目标和当地经济发展情况有针对性地选择强度恰当的环境规制工具，也为政府实施"有差别的""分而治之"的梯次环境规制提供一定的数据参考。

王艳林　郝永亮

2021 年 8 月

CONTENTS 目 录

第 1 章　绪论 ………………………………………………… 1

1.1　研究背景和研究意义 ………………………………… 1

　　1.1.1　研究背景 …………………………………… 1

　　1.1.2　研究意义 …………………………………… 3

1.2　研究目标和研究内容 ………………………………… 4

　　1.2.1　研究目标 …………………………………… 4

　　1.2.2　研究内容 …………………………………… 5

　　1.2.3　拟突破的重点和难点 ……………………… 7

1.3　研究思路与研究方法 ………………………………… 8

　　1.3.1　研究思路 …………………………………… 8

　　1.3.2　研究方法 …………………………………… 8

1.4　创新点 ………………………………………………… 10

第 2 章　理论基础与文献综述 …………………………… 11

2.1　理论基础 ……………………………………………… 11

　　2.1.1　环境经济学理论 …………………………… 11

　　2.1.2　可持续发展理论 …………………………… 13

　　2.1.3　能源经济学理论 …………………………… 14

　　2.1.4　低碳经济理论 ……………………………… 15

  2.1.5 EKC 理论 ……………………………………………… **17**

 2.2 文献综述 …………………………………………………… **19**

  2.2.1 碳排放与经济增长研究 ………………………………… **19**

  2.2.2 碳排放影响因素研究 …………………………………… **24**

  2.2.3 碳排放地区差异研究 …………………………………… **28**

  2.2.4 环境规制对碳减排的影响 ……………………………… **31**

  2.2.5 环境规制的优化研究 …………………………………… **34**

  2.2.6 文献述评 ………………………………………………… **41**

第3章 西部地区工业碳排放地区差异研究 ………………… **43**

 3.1 工业碳排放的测度 ………………………………………… **43**

 3.2 西部地区工业碳排放地区差异分析 ……………………… **45**

  3.2.1 西部地区工业碳排放时序演变规律分析 …………… **45**

  3.2.2 西部地区工业碳排放总量地区差异分析 …………… **49**

  3.2.3 西部地区工业碳排放强度地区差异分析 …………… **52**

  3.2.4 西部地区工业人均碳排放地区差异分析 …………… **55**

 3.3 西部地区工业碳排放聚类分析 …………………………… **58**

  3.3.1 基于 K – Means Cluster 的地区聚类划分 ………… **58**

  3.3.2 西部地区三大区域碳排放总量分析 ………………… **61**

  3.3.3 西部地区三大区域碳排放强度分析 ………………… **63**

  3.3.4 西部地区三大区域人均碳排放量分析 ……………… **65**

 3.4 本章小结 …………………………………………………… **67**

第4章 西部地区工业碳排放与地区经济增长 ……………… **69**

 4.1 西部地区工业碳排放与经济增长的脱钩分析 ………… **70**

  4.1.1 脱钩理论 ………………………………………………… **70**

  4.1.2 变量选取与数据来源 …………………………………… **72**

  4.1.3 西部地区工业碳排放与经济增长的脱钩分析 ……… **73**

 4.2 西部地区工业碳排放环境库兹涅茨曲线检验 ………… **76**

  4.2.1 EKC 理论的基本内容 ………………………………… **78**

　　4.2.2　西部地区工业碳排放与经济增长关系的 KCF 验证 …… **79**

　4.3　本章小结 ………………………………………………… **90**

第 5 章　西部地区工业碳排放地区差异影响因素分析 ………… **92**

　5.1　西部地区工业碳排放地区差异影响因素的分解分析……… **92**

　　5.1.1　模型和方法 ………………………………………… **92**

　　5.1.2　数据来源 …………………………………………… **97**

　　5.1.3　西部地区工业碳排放地区差异影响因素分解 ……… **97**

　　5.1.4　西部地区三大区域碳排放地区差异因素分析 ……… **103**

　5.2　西部地区工业碳排放地区差异影响因素的实证分析 …… **105**

　　5.2.1　模型的设定与数据来源 …………………………… **105**

　　5.2.2　实证结果分析 ……………………………………… **107**

　5.3　本章小结 ………………………………………………… **112**

第 6 章　环境规制对西部地区工业碳排放的影响研究 ………… **115**

　6.1　环境规制强度与西部地区工业碳减排绩效 ……………… **116**

　　6.1.1　理论分析与研究假设 ……………………………… **116**

　　6.1.2　变量定义与模型设定 ……………………………… **119**

　　6.1.3　实证结果与分析 …………………………………… **124**

　6.2　环境规制工具与碳减排绩效 ……………………………… **136**

　　6.2.1　碳排放权交易对西部地区工业碳减排效果模拟 …… **137**

　　6.2.2　碳税对西部地区工业碳减排效果模拟 ……………… **158**

　6.3　本章小结 ………………………………………………… **177**

第 7 章　研究结论与政策建议 ………………………………… **180**

　7.1　研究结论 ………………………………………………… **180**

　7.2　政策建议 ………………………………………………… **186**

　7.3　研究不足与未来研究展望 ………………………………… **189**

参考文献 …………………………………………………………… **191**

后记 ………………………………………………………………… **206**

1.1　研究背景和研究意义

1.1.1　研究背景

改革开放以来，在工业化和城市化推动下，中国实现了举世瞩目的经济增长奇迹，1979～2016 年国内生产总值（GDP）年均增长速度高达 15%，在如此之高的 GDP 增速支撑下，从 2010 年开始中国已经成为世界第二大经济体，国内生产总值总量仅次于美国。然而，长期以来中国经济发展具有明显的高投入、高消耗和低产出的粗放式增长特征，庞大的经济总量和快速的增长速度必然消耗大量化石能源（如煤炭、石油），从而导致大规模二氧化碳排放。中国成为世界第二大经济体的同时，也已成为世界最大的二氧化碳排放国和能源消费国。中国政府在 2009 年的哥本哈根气候大会上承诺，2020 年碳排放强度比 2005 年下降 40%～45%；2015 年在巴黎气候大会上，中国政府承诺 2030 年碳排放强度比 2005 年下降 60%～65%。《"十三五"控制温室气体排放工作方案》明确提出到 2020 年，中国碳排放强度比 2015 年下降 18%。上述减排承诺一方面展现了中国作为一个世界大国在全球温室气体减排进程中的责任担当，另一方面也表明了中国对于绿水青山的再次肯定和碳减排力度的全面升级。党的十八大提出把"美丽中国"作为生态文明建设的伟大目标，党的十九大报告进一步把建设生态文明提升为"千年大计"。为了"美丽中国"目标的实现，中国需要进一步健全环境规制体制，以保证经济持续健康发展，获得"金山银山"的同时，还能继续享有"绿水青山"。

西部地区①横跨中国 12 个省份，其经济发展水平直接关系整个国家的经济发展水平，其碳减排的成效也直接决定整个中国的碳减排绩效。不同地区由于自然、历史、经济发展水平等因素的影响，在工业碳排放方面也会表现出较大的差异。因此，有必要对西部地区碳排放的地区差异进行测度，刻画西部各地区在碳排放总量、碳排放强度和人均碳排放量等方面存在的差异以及各地区碳排放呈现的基本特征和变化规律，为基于地区碳排放差异制度因地制宜地实施差别化的环境规制政策奠定数据基础和现实依据。这是本书研究的第一个方面的问题。

改革开放 40 多年来，西部地区 GDP 达到了年均近 10% 的增长速度，成为经济增长史上的一个奇迹。但是，值得注意的是，经济的快速增长也付出了极大的环境代价。以环境巨大破坏为代价的快速经济增长是否还能持续？相关研究成果存在较大差异，原因之一在于碳排放对经济的影响是双重的，既可能产生消极影响，也可能带来积极作用。那么，西部地区工业碳排放对地区经济增长产生了怎样的影响？这是本书将要探讨的第二个方面的问题。

西部地区不论是从面积、资源禀赋，还是经济规模来看，都占全国较大比重。西部各省份碳排放量各不相同，各地区资源禀赋不同，工业基础也不同，不同省份的碳排放影响亦有所差别，寻找不同地区碳排放的主导因素，分析不同因素对不同地区工业碳排放的不同影响及贡献率的差别，对于西部各地区因地制宜制定差异化的碳减排政策具有重要意义。那么，不同地区的工业碳排放的主要驱动因素是什么？各个驱动因素的贡献率是多少？不同驱动因素对碳排放影响的作用方向和作用程度如何？这是本书要研究的第三个方面的问题。

西部地区能源丰富，却囿于产业结构与技术的相对落后，高能耗式的发

---

① 包括重庆市、四川省、陕西省、云南省、贵州省、广西壮族自治区、甘肃省、青海省、宁夏回族自治区、西藏自治区、新疆维吾尔自治区、内蒙古自治区。

展路径给经济的可持续发展和环境保护都带来了较大的压力。恰当的环境规制成为地区可持续发展的必要保障。环境规制对西部地区碳排放绩效会产生怎样的影响？不同强度环境规制和不同的环境规制工具对于西部地区碳减排绩效是否也会产生不同的影响？这是本书要探讨的第四个方面的问题。

1.1.2 研究意义

1.1.2.1 理论意义

（1）全球环境问题的突显和环境规制政策法规的不断出台引发了国内外学术界和实务界对环境规制的激烈讨论。但关于环境规制的经济后果，学术界却并未形成一致的结论，是否应该实行强度更高的环境规制政策，支持和反对呼声并存。本书从西部地区工业碳排放地区差异的角度出发，探讨环境规制强度和环境规制工具对不同地区工业碳减排效率产生的不同影响和不同作用，有助于理论界和实务界从更深的层面厘清环境规制的经济后果。

（2）国内现阶段关于地区工业碳排放差异的相关研究，主要致力于对地区碳排放差异的寻根探源上。对于环境规制对不同地区碳排放产生影响的机理和如何根据地区碳排放差异进行政策优化选择方面的研究很少见。本书探讨了不同强度和不同类型的市场型环境规制工具对西部不同地区工业碳排放产生的不同减排效应，揭示了不同市场型环境规制工具对企业碳减排的影响机理。从这个角度来看，本书丰富了目前环境规制和碳减排的相关理论。

1.1.2.2 现实意义

（1）当前西部地区经济发展对能源的依赖程度存在很大差异，而能源结构和经济发展的先天条件使得地区间的碳减排潜力存在较大差异。本书对西部不同地区的碳排放总量、人均碳排放量和碳排放效率进行了详细测算，并用客观数据反映出经济增长与碳减排潜力的地区差异，能够为西部地区进一步制定有利于技术创新、产业结构升级和能源结构调整的政策提供详细的定量化信息，从而使得碳减排政策的制定更加科学化和系统化。

（2）对于碳减排的环境规制问题，政府应该采用"一刀切""齐步走"

的环境规制政策，还是采取"有差别的""分而治之"的梯次式环境规制推进方法？不同的环境规制工具在各地区如何演进？对于这些问题，理论界和政府相关部门依然处在初步探索阶段，远未形成清晰、可靠的认识。本书通过理论分析和实证检验的方式研究了不同强度的环境规制和不同形式的环境规制工具对微观企业和中观行业碳减排的作用方向和作用强度，有助于政府部门对各种环境规制工具的适用性、合理性和可操作性形成直观的理解和判断，从而根据政策目标和当地经济发展有针对性地选择强度恰当的环境规制工具，也为政府实施"有差别的""分而治之"的梯次环境规制提供一定的数据参考。

1.2 研究目标和研究内容

1.2.1 研究目标

（1）刻画西部地区工业碳排放量的基本特征和变化规律。本书希望基于规制经济学、区域经济学和可持续发展等理论，结合西部各地区特殊资源条件和人文环境，在恰当度量工业碳排放的基础上，详细刻画西部各地区在碳排放总量、碳排放强度和人均碳排放量等方面存在的差异以及各地区碳排放呈现的基本特征和变化规律。

（2）分析西部地区工业碳排放与经济增长关系的省际差异。通过省域动态面板数据的实证分析，深度剖析西部地区工业碳排放与经济增长的关系，并找到不同省份二者关系的区域差异性。

（3）利用分解模型对西部地区工业碳排放的影响因素进行分解，揭示各地区碳排放与经济增长之间的勾稽关系，并寻找造成碳排放地区差异的主导因素和贡献率，以期找出各地区工业碳减排的推动因素和碳减排的阻碍因素。

（4）基于恰当的计量经济模型和度量指标，从地区异质性的角度出发，分析环境规制强度和环境规制工具对西部不同地区碳减排效率的不同作用机理和不同影响程度，探索不同环境规制工具在西部不同区域的适用性和有效性，以期为政府建立适合西部地区发展的"有差别的""分而治之"的梯次式环境规制体系以及因地制宜地选择程度恰当和形式恰当的环境规制工具提供决策参考。

1.2.2 研究内容

1.2.2.1 西部地区工业碳排放地区差异分析

（1）使用恰当的二氧化碳排放量估算方法，以《中国统计年鉴》和相关企业调研数据为基础，根据西部地区能源消费量和碳排放量，选择能源消费活动、工业生产过程等恰当的能源终端消费量来测算 1998～2015 年西部各地区二氧化碳排放量。

（2）刻画西部各地区和三大碳排放区域（低值高效区、中值中效区和高值低效区）碳排放总量、碳排放强度和人均碳排放量等方面存在的差异以及各地区碳排放呈现的基本特征和变化规律。

（3）运用非径向的 DEA 方法建立一个期望产出的 RAM 经济效率模型和一个基于非期望产出的 RAM 环境效率模型，将二者整合在统一的联合效率框架来测度碳排放与经济增长的耦合程度。以西部 11 个省份 1998～2015 年资本、劳动、能源和非期望产出碳排量作为投入要素，人均 GDP 和污染物作为产出要素来分析西部地区经济增长与工业碳排放之间关系呈现出的不同特点，从而验证西部不同地区在经济发展与碳排放的关系上是否存在不同程度的脱钩情况，为西部不同地区选择不同的碳减排路径提供数据支撑。

（4）构建空间动态面板数据模型，同时考虑动态效应与空间效应，在更加一般化的模型中对碳排放与经济增长之间的 EKC 关系进行再检验，并从模型设定、样本量、宏观波动性、控制变量多个角度对模型进行了稳健性检验，为该领域的研究提供更加合理的研究框架。此外，本书还从生活排放角度研究了碳排放与经济增长之间的 EKC 关系。

1.2.2.2 西部地区工业碳排放地区差异的驱动因素分析

（1）使用乘法形式的对数均值 Divisia 指数分解法，对西部地区现有工业行业三种能源（即煤炭、石油和天然气）二氧化碳排放的影响因素进行分解，以考察包括碳排放强度、能源强度、能源结构、经济发展、技术水平和城市化进程等多个因素对碳排放的影响。

（2）利用西部地区 11 个省份 1998 ~ 2015 年工业碳排放相关数据，对西部地区工业碳排放的主要驱动因素及其贡献率讲行定量分析，寻找不同地区碳排放的主导因素及其贡献率，分析不同因素对不同地区工业碳排放的不同影响及贡献率的差别，为后文根据西部各地区不同驱动因素对碳排放影响的不同作用方向和不同作用程度，因地制宜制定差异化的碳减排政策提供决策依据。

1.2.2.3 环境规制对西部地区工业碳减排效率的影响

基于减排导向的环境规制束缚了产业绩效的提升和污染排放的空间（李钢等，2012），不可避免地增加了治污成本，影响了企业的竞争力（Arimura，2002）。环境规制对西部不同地区工业产业绩效（环境效率）产生影响的机制是什么？放松地区同质性的假设，从地区异质性特征入手，环境规制强度和环境规制工具对不同地区的碳减排效率是否产生了非一致的影响？

（1）基于制度演进视角，探讨西部不同地区环境规制体制的变迁，从环境规制效率的视角反映环境政策的变动趋势；从机构设置、制度框架、规制工具三个方面解析西部不同地区现有环境规制体系及规制强度的地区发展不平衡性。

（2）环境规制强度对西部地区工业碳减排效率的影响研究内容：一是环境规制工具对西部地区工业碳减排效率的影响。基于企业碳减排的视角，构建企业最优规划模型，通过比较研究方法，分析碳税、碳排放权交易和碳减排补贴等不同类型市场型环境规制工具对企业碳减排行为的不同影响机理，探讨企业在完全遵守情形下不同环境规制工具对碳排放量的影响，以及不完全遵守情形下不同环境规制工具对碳排放量的影响。二是构建包括能源消耗和环境污染的 CGE 模型，在模型中引入碳税、碳排放权交易和碳减排补贴等环境规制工具，并将煤炭、石油和天然气三种主要能源作为生产要素，设定节能减排基准情景，针对碳税、碳排放权交易和碳减排补贴等市场型环境规制工具模拟分析其对经济发展以及碳排放的冲击效果。

1.2.2.4 基于西部地区工业碳排放地区差异的环境规制优化选择

首先，由于经济发展水平、产业结构、能源结构和技术水平等先天条件不同，西部各地区在碳排放强度、减排潜力和环境效率方面存在很大差异。其次，不同的环境规制工具，其实施条件不同，不同强度的环境规制工具和不同形式的环境规制工具对西部地区工业碳减排的影响效果和效率也各不相同；即使是同一种环境规制工具，对于西部不同地区工业碳减排产生的影响也不尽相同。因此，引导和激励西部工业碳减排的环境规制应更多地采取"有差别的""分而治之"的梯次推进方法，而不是采用"一刀切""齐步走"政策。基于前三个研究内容，本部分对西部地区工业碳减排环境规制政策的确定与选择提出优化方案。

1.2.3 拟突破的重点和难点

第一，如何结合西部不同地区经济发展和资源禀赋等特点，寻找更具有西部不同地区特色的影响碳排放差异的因素，从而使采用 Divisia 指数分解法进行分解时能找出更为关键的影响西部不同地区碳排放差异的主导因素。

第二，构建一个包括能源消耗和环境污染的 CGE 模型，在模型中能引入碳税、碳排放权交易及碳减排补贴等环境规制工具，从而有效地模拟不同环境规制工具对经济发展以及碳排放的冲击效果。

第三，关键指标——二氧化碳排放量、环境效率和环境规制强度的度量。根据联合国政府间气候变化专门委员会（IPCC，2006）提供的清单，结合西部各地区资源特点和工业碳排放特点，对二氧化碳排放进行科学度量是面临的第一个度量难题；考虑二氧化碳的非期望产出，同时要考虑生产过程中要素投入与期望产出和污染物的转换关系来测算环境效率指标，也存在一定的困难；对于中国政府颁布的一系列环境政策，如何进行有序梳理，并根据规制强度有效划分类别归属和计量，也存在一定的难度。

1.3 研究思路与研究方法

1.3.1 研究思路

本书研究思路遵循"现状分析→原因分析→政策影响→政策优化"这一分析脉络，首先，对西部地区工业碳排放地区差异进行描述，刻画西部各地区在碳排放总量、碳排放强度和人均碳排放量等方面存在的差异以及各地区碳排放呈现的基本特征和变化规律；其次，基于分解法，对西部地区工业碳排放地区差异的驱动因素进行分解，以寻找不同地区碳排放的主导因素及其贡献率；再其次，从地区异质性的角度出发，分析环境规制强度和环境规制工具对西部不同地区碳减排效率的不同作用机理和不同影响程度，探索不同环境规制工具在西部不同区域的适用性和有效性；最后，结合上述理论分析和实证研究有针对性地提出西部地区工业碳排放的环境政策优化。本书的研究技术线路如图 1 - 1 所示。

1.3.2 研究方法

（1）定性研究。该方法将贯穿于各个研究内容，主要体现为利用文献研究梳理相关理论，细化具体研究问题，进行理论推导及模型建立，以及对相关结果的解释。

（2）定量研究——基于数学建模的解析。该方法主要用于研究碳排放的地区差异的驱动因素和环境规制下的工业碳排放效率，本书将放松现有解析文献中苛刻的前提假设，建立一般性模型，得到该问题的解析结果。例如，利用 Divisia 分解法对影响碳排放的相关因素进行分解；构建企业最优规划模型，比较不同类型市场型环境规制工具对企业碳减排行为的不同影响机理，构建包括能源消耗和环境污染的 CGE 模型等。

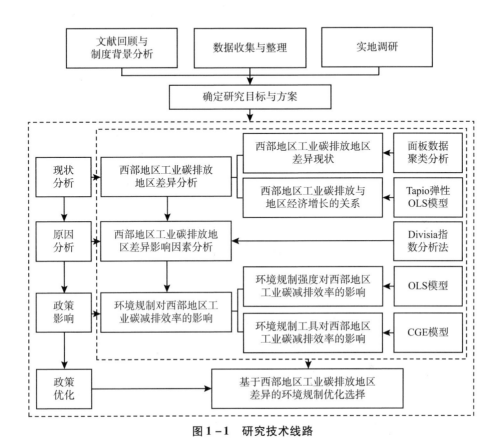

图 1-1　研究技术线路

（3）定量研究——基于计量经济模型的实证研究。在研究碳排放地区差异、碳排放的地区差异的驱动因素和环境规制下的工业碳排放效率中，都用到了此方法。例如，刻画西部各地区在碳排放总量、碳排放强度和人均碳排放量等方面存在的差异；以西部 11 个省份 1998～2015 年相关数据为样本，实证检验西部不同地区经济增长与工业碳排放之间关系呈现出的不同关系；对西部地区工业碳排放的主要驱动因素及其贡献率进行定量分析，寻找不同地区碳排放的主导因素及其贡献率；检验环境规制强度和环境规制工具对西部不同地区环境效率产生的不同影响。

1.4 创 新 点

（1）学术思想。本书突显"因地制宜，分而治之"的环境规制优化思想，目标是构建"有差别的""分而治之"的梯次式环境规制体系，实质是将环境治理理念由"一刀切"转变为"分而治之"。路径是厘清西部不同地区碳排放与经济增长之间的关系，分析不同地区工业碳排放的主导因素及其贡献率，找到碳排放关键因子。主旨是从降低西部地区工业碳排放的角度出发，构建一个分而治之、因地制宜、因势利导的包含不同环境规制强度和环境规制工具在内的环境规制优化体系。

（2）学术观点。其一，西部地区工业碳排放具有显著的地域性、多维因素性和经济增长关联性特征，需要精准把脉关键减排因素，采取因地制宜、因地施策的环境治理对策；其二，在工业碳排放的规制逻辑上，主张地区经济可持续发展和高质量发展，地区高质量发展的关键是通过剖析经济与碳排放关系，找到不同地区碳排放与经济增长的逻辑关系，不同逻辑关系地区实施不同的政策；其三，西部地区工业碳排放环境规制的优化，应以降解关键减排因素和阻断碳排放的致因为出发点，构建不同强度、不同环境规制工具在内有多元多层次碳减排环境规制的长效机制。

（3）研究方法。一是综合运用文献研究法和 Divisia 分解法，在"求真""求解"中探索西部地区影响碳排放的关键因素。二是构建一个包括能源消耗和环境污染的 CGE 模型，在模型中引入碳税、碳排放权交易及碳减排补贴等环境规制工具，有效地模拟不同环境规制工具对经济发展以及碳排放的冲击效果。三是利用结构方程法研究碳排放与经济增长之间的关系，利用双门槛回归研究环境规制强度对碳排放绩效的影响。

理论基础与文献综述

本章围绕"碳排放"和"环境规制"这两个核心术语,对环境经济学理论、可持续发展理论、能源经济学理论、低碳经济理论和 EKC 理论等进行了阐述;对碳排放与经济增长研究、碳排放影响因素、碳排放地区差异、环境规制对碳减排的影响以及环境规制优化的相关文献进行了梳理,为理论研究与实证检验提供依据。

2.1 理 论 基 础

2.1.1 环境经济学理论

环境经济学是环境科学与经济科学的交叉学科,是二者发展到一定阶段(环境资源变为稀缺商品)后交互相融的产物。环境经济学通过利用传统的经济学理论与方法研究人类社会与环境系统的发生过程、作用机制及影响机理,以期对人类社会与环境系统的和谐发展做出适当的调节、改造及利用,从而促进人类社会的健康与持续发展。在工业社会之前,人类社会的总需求量相对较低,而环境资源则较为丰富,这就使得环境资源的稀缺性难以凸显。然而,工业革命之后形成的大规模生产和"破坏式消费"模式对有限的环境资源造成了极大的侵占和破坏,使得整个环境系统变得脆弱和紊乱,环境资源也逐渐走向稀缺。早在第一次工业革命时期,马克思和恩格斯分别在《资本论》与《英国工人阶级状况》两本著作中对人类社会与自然环境之间的辩证关系和人类社会活动对自然环境的影响做出了较为深刻的阐述与分析，并指出了环境问题的经济根源，他们提出，其一，人类不能清晰地把握和了解自然规律的本质，无法预见生产后果对自然环境的长远影响，进而遭到自然界的报复；其二，现有的生产方式只重视劳动的近期与直接利益，忽视了其对自然与社会的远期影响。除此之外，马克思和恩格斯还指出了解决环境问题的两条基本途径：一是在充分理解和掌握自然规律的基础上认识人类活动对自然环境的影响机理和影响程度；二是对于有限的自然资源和脆弱的自然环境，人类社会必须合理调节人与自然之间的物质变换，科学合理地进行生产与配置（王玉庆，2002）。有鉴于此，马克思与恩格斯所阐述的环境观可以说是环境经济学发展的前端和理论基础。

随着人类活动引发的环境问题愈发凸显，环境破坏带来的损失快速增加，人们开始分析环境与人类社会之间的交互作用机制，并尝试从经济学的角度出发探索环境问题的经济本源，试图实现环境系统与人类社会之间的平衡。对此，英国著名环境经济学家大卫·皮尔斯（David Pearce）做出了简单扼要的勾勒。他认为，传统经济学中环境思想主要分为四大部分：一是经济活动范围存在的生态边界，其主要代表人物是马尔萨斯（Malthus）、李嘉图（Ricardo）、穆勒（Mill）以及戴利（Daly）；二是以庇古（Pigou）为代表的环境污染外部性理论，其后卡普（Kapp）与科斯（Coase）研究并拓展了这一理论；三是以格雷（Gray）和侯特陵（Hoteling）为代表的可耗竭资源的最优折耗率理论；四是可再生资源的最优利用理论，其代表人物包括福特斯曼（Faustmann）和戈登（Gordon）等。20世纪60年代，环境经济学正式作为一门分支学科进入大众的视野，以期彻底修正和突破传统经济学的偏误与局限。此后的环境经济学主线主要围绕着经济发展与环境质量的关系及作用机制、环境成本与价值评估、绿色国民经济核算、环境管理政策工具设计与费用效益分析、国际贸易与环境问题、全球气候变化及跨域环境合作等要点展开。毋庸置疑，环境经济学理论的贡献不单单是为解决人类社会发展过程中所面临的环境问题提供工具性指导，更为重要的是为人类社会发展提供了一个新的视角，使人们逐渐认识到人类发展无法超越自然环境，任何以牺牲自然环境为代价的发展终不具有可持续性。

2.1.2　可持续发展理论

随着环境质量持续恶化和资源稀缺性日益凸显，国际社会逐渐意识到传统的狭隘性发展理念是诸如气候异常、环境污染、人口膨胀、粮食危机及资源枯竭等一系列灾难与危机产生的认知根源。传统的发展理念强调经济增长为第一要务，为了满足对于物质资源的贪婪欲望，人类不惜以牺牲自然环境为代价，大肆掠夺和侵占自然资源，破坏地表和大气环境，扰乱了整个地球的生态系统平衡。人类对于生态环境的破坏行为终究带来了河流断流、资源匮乏、自然灾害频发等一系列的严重后果，鉴于此，人类开始反思工业革命以来的粗放式经济增长发展道路，并重新审视与修正传统的发展理念。

20 世纪 80 年代初期，联合国世界与环境发展委员会（WCED）对外发布了名为《我们共同的未来》的发展报告，该报告正式提出了可持续发展的概念，将可持续发展界定为"在能够满足当代人的需求的同时又不损害后代人满足其需求能力的发展"[①]。从可持续发展的定义中可知，可持续发展是一个涵盖社会、经济、生态环境、技术、文化及政治等领域的综合概念，主要包含三大关键要点：第一，可持续发展从人类需求的长远角度出发，强调不但要满足当代人的需求，还要满足孙子后代的需求，不能以破坏子孙后代的需求来满足当代人的需求；第二，可持续发展强调环境限度，环境限度指的是环境承载能力的最高临界点，如果这一临界点被突破，那么必将影响人类满足其需求的能力；第三，强调和谐发展，满足人类需求并不是发展的唯一要素，只有强调自然—经济—社会复合系统的全面发展进步，在保证较好满足人类需求的同时生态环境系统能够稳态、平衡及良性运转，才是可持续发展的最终要义（牛文元，1998）。为了实现自然—经济—社会这一复合系统的持续良性运转，必须将以下三个维度作为抓手：

第一，可持续性。可持续性是可持续发展理论的基础，也是突破传统经济增长模式增长极限的要点。可持续性原则要求自然—经济—社会这一复合

[①]　世界环境与发展委员会著．我们共同的未来［M］．王之佳，柯金良，译．长春：吉林人民出版社，1997．

系统能够在未来无限期地运转，不会因为系统内部任何一个关键要素的衰竭而停滞不前。可持续性系统包括生态环境的可持续性、经济增长的可持续性和社会发展的可持续性，这三个子系统的可持续性彼此依赖、相互交融、缺一不可，其中生态环境的可持续性为其余两个子系统可持续发展的必要条件，离开生态环境的可持续性则社会发展的可持续性和经济增长的可持续性就无从谈起。

第二，公平性。公平性是指人类在环境与资源分配权利方面具有公正性和合理性。可持续发展的公平性主要体现在三个方面：一是代内公平，这就要求可持续发展首先要保证同代人之间分配权和发展权上的公平，以缩小贫富差距和减少贫困人口规模为首要目标；二是代际公平，即各代人之间的纵向公平，利用有限的环境容量与资源满足人类世代人的需求，当代人在满足其需求的同时不能损害后代人满足其需求的能力是代际公平的关键，因而这就要求发达国家更多地承担起解决环境与资源问题的义务，还清其历史欠账；三是资源分配公平。

第三，协调性。协调性要求自然—经济—社会这一复合系统内部各部分与系统之间能够保持一定的协同性。当各部分因目标与进度差异而混乱无序时，系统能够自动调节各部分的行进方向和进度，以保证复合系统不因内耗而衰竭（叶蔓，2009）。综上可知，可持续发展理论不但是对传统的工业文明发展理念的摈弃，更形成了一种全新的发展理念，一种强调人与环境和谐共生的发展模式。

2.1.3 能源经济学理论

能源经济学属于能源科学与经济学的交叉学科，主要以经济学的理论与方法研究能源生产、分配、交换及消费过程中存在的问题，揭示其中内含的经济关系和经济规律，从而为能源供需及其衍生问题的解决提供理论指导。从构成角度看，能源经济学理论主要包括能源工程与技术理论、能源系统学理论、能源市场经济理论、能源政策经济理论以及能源环境经济理论等。一般看来，能源经济着重于能源生产与消费领域的微观经济分析，主要研究能源微观经济配置效率。

20 世纪 70 年代之前，由于能源供给较为充足，能源短缺贫乏问题尚未完全显现，所以，能源经济学研究的重心是各类型能源的供应与使用，研究的主要问题是如何提高各类型能源利用经济附加值，如何减少能源生产与输送成本等，此时，能源是企业生产经营所需的原材料的一部分。在此过程中其关注的重点也从早期的煤炭资源延伸到后期的石油资源，从而出现了很多能源工业部门经济学，譬如石油经济学、煤炭经济学等。20 世纪 70 年代之后，两次石油危机的爆发使得众多国家（尤其是西方发达国家）意识到了能源总量的贫乏以及能源供给体系的脆弱性，因而纷纷致力于构造自身的能源保障体系和提升能源系统运转效率，以保证社会经济的持续健康发展。这就要求人类社会突破传统的能源消费观及发展模式，以经济学的视角审视能源问题（李振明，2010）。近几十年来，随着环境问题的恶化，学界和政府开始关注传统化石能源的外部性问题，譬如汽车废气、公路与机场噪声污染、火力发电站及其他工厂燃烧化石能源所排放的二氧化碳（CO_2）及其他污染气体、原油运输泄漏等，其中能源引致二氧化碳排放更是有待解决的全球性问题。大量人为碳排放增加了大气中温室气体浓度，进而扰乱地球大气系统的平衡，导致全球气候变暖以及异常气候灾难的频发。有鉴于此，近些年来，能源外部性逐渐成为能源经济学研究领域的一个焦点。

相较于欧美发达国家而言，中国能源经济学理论研究起步较晚。在 20 世纪 80 年代之前，由于中国处于计划经济体制，能源研究主要局限于技术层面，重心在于各类型能源的供应与使用。改革开放之后，市场经济体制逐步确立，出于现实的需求，中国能源经济理论才逐渐成熟，出现了真正意义上的能源经济学。近些年来，随着能源进口量的不断攀升、能源国内与国际市场的对接以及能源外部性问题的显现，能源经济学理论研究逐渐受到学界与政府的重视。

2.1.4　低碳经济理论

全球气候变化速度在近百年来不断加快，各种因气候变化而引发的灾难频繁显现，温室气体浓度的进一步上升所隐藏的风险让人不寒而栗。IPCC综合评估报告指出，在气候变暖的时代背景下，各国政府与人民应该采取的应对措施有两个方面：一是适应，二是减排。气候变暖与能源危机使得传统经济学生产与消费模式再也无法适应未来人类可持续发展的时代需求，未来必须转变经济发展方式，重塑新的经济模式，即低碳经济模式（诸大建、陈飞，2010）。"低碳经济"一词最初源于2003年英国发布的一份名为《我们能源的未来：创建低碳经济》（*Our Energy Future—Creating a Low Carbon Economy*）的能源白皮书，该白皮书提出"低碳经济"指的是在发展过程中向生物圈排放最少温室气体的同时取得最大综合产出。从狭义定义角度上看，低碳经济指的是以碳减排为主要目标，进而构建出以低碳技术与低碳产品为基础的新型低碳市场、贸易规则和财税体系。

从广义定义角度看，低碳经济的核心旨在将碳减排理念融入社会经济的各项活动之中，通过塑造经济高效、能源节约以及低碳排放的生产模式和消费模式，形成能源、技术以及产业结构低碳化的可持续发展体系，进而实现经济增长、能源安全、资源节约、环境保护以及温室气体减排等多项目标（郭茹等，2011）。徐玖平、卢毅（2011）认为，低碳经济是一种新型的经济形态和发展模式，起初旨在应对能源安全与气候变化挑战，而后随着实践的进展，低碳经济的内涵得到不断扩展，已经远远地超出了其传统的意义范畴。具体而言，低碳经济已经演化为针对化石能源利用、高碳产品生产及高碳行为引起的高碳排放问题，以提高碳生产率实现可持续发展为目标，以能源消费和废弃物减量化排放为发展原则，以"低能耗、低排放、低污染"和"高效能、高效率、高效益"为基本特征，以能源体系优化、产业结构调整和技术创新升级为主要手段，以城市建设、市场构建和政策保障为依托的经济发展模式，主要包含低碳能源、低碳产业、低碳技术、低碳城市、低碳市场及低碳政策等一系列新内容。

由于各国社会经济技术条件、资源禀赋及产业格局的差异，实现低碳经济或走低碳经济道路所选择的路径、优先顺序以及时间表也应该有所不同。作为最大的发展中国家，中国正面临着低碳经济发展的机遇与挑战。这里的机遇主要表现为以国际低碳化潮流为契机，积极引进低碳技术，创新低碳产品，将低碳经济发展理念与"可持续发展"和"和谐社会"的理念相融合，促进原有的"高排放、高污染、高浪费"经济模式向绿色高效经济模式转变，并在激烈的国际竞争环境中以低碳革命为契机，利用后发优势占领国际产业链的高端，从而实现中国战略发展的宏伟目标。与此对应的是低碳经济发展所形成的挑战，中国自身的资源禀赋、技术水平及现有经济基础条件与西方发达国家相比处于不利的地位，中国要想在低碳经济发展道路上取得成功必将面临一定的风险和挑战，不利的基础条件可能使中国在低碳经济转型过程中付出极大的成本，也可能会影响中国社会现代化的进度。

2.1.5　EKC 理论

经济发展离不开环境提供的诸如土地、森林、水资源等相应的生产要素，同时经济发展所产生的二氧化碳和其他污染物等也需要排放到环境之中，可以说经济发展必须立足于环境，同时又对环境产生反作用，因而长期以来，探讨经济发展和环境之间的关系成为社会关注的重要问题。最典型的是，20 世纪 50 年代诺贝尔经济学奖获得者西蒙·库兹涅茨（Simon Kuznets）提出了著名的库兹涅茨曲线理论。1992 年，美国两位学者格雷斯曼（Grossman）和克鲁格（Kureger）对库兹涅茨曲线理论进行了延伸和扩展，并将其应用于环境经济学的研究之中，最终这种理论扩展为环境库兹涅茨曲线理论，简称 EKC 理论。该理论认为经济增长和环境污染并不是简单的线性关系，相反是一种非线性关系的存在。当一个国家处于经济发展的初始阶段，环境污染程度较轻，但是随着经济不断深化发展会逐渐导致环境的恶化；而当经济进入比较发达的阶段后，处于一定的临界点或者跨入一定的"拐点"以后，随着人均收入的增加，环境污染会逐渐减轻，环境质量得以改善。概括来说，这种非线性关系呈现出明显的倒"U"型。

二氧化碳作为环境污染的重要分类，按照环境库兹涅茨曲线理论，其排放量与经济发展会呈现出明显的非线性关系。一般来说，经济发展主要通过规模效应、技术效应和结构效应三种机制对碳排放产生影响（Grossman and Krueger，1991）。经济发展的初始阶段，技术水平较为低下，经济发展主要依靠生产要素的大量增加带动，同时还排放了大量的二氧化碳，此时经济的规模效应起到主要作用。当经济发展到较为高级的阶段后，此时技术效应和结构效应两种机制发挥了主导作用。技术效应表现在高效率的生产技术和先进的环保技术逐渐得以普遍使用，不仅提高了能源使用效率，而且产生了替代效应，降低了生产要素的投入，逐步减少了生产要素对环境的负面影响。同时清洁技术还逐步淘汰了肮脏技术，降低了单位要素的碳排放量，并且使得资源得以循环使用。结构效应则主要表现在高能耗产业的比重逐渐降低，低排放的服务业和知识密集型产业逐步占据整个产业的主导地位，这同样有利于降低单位产出的碳排放强度，从而对整个区域的碳减排起到了积极的带动作用。

随着环境库兹涅茨曲线理论的不断完善，人们对于区域碳排放和收入之间关系的认识也逐渐深化。该理论的应用逐渐从初期的经济层面扩展到了环保意识以及环保制度建设等层面，具体表现在以下三个方面：第一，环境质量需求。在经济发展的初始阶段，人们的当务之急是改善生活，此时环境质量需求较低，贫穷加剧了环境的恶化。当经济发展到较高水平以后，人们会逐渐注重环境质量的改善，此时环保需求会逐渐提高，转而购买更为环保的产品，从而对地区环保产生了积极的带动作用。第二，环境规制。在经济发展的初级阶段，科学技术水平较低，以环境为代价实现经济的高速发展成为一个不争的事实，此时，政府环境规制程度较差，环境污染的程度较高。伴随着经济发展水平的不断提高，生产技术水平更新换代，社会公众的环保意识被唤醒，经济结构的调整和产业的升级换代导致环境污染程度减小，政府不断提升的环境规制强度也对降低区域碳排放产生积极的带动作用。第三，减污投资。丁达（Dinda，2005）将社会资本作用分为两部分，一部分是用于产品生产的资本投入，此时产生了环境污染；另外一部分是用于减少污染的排放，即用于改善环境质量。经济发展的初始阶段，社会资本规模小且主要用于生产的需要，资源密集型产业占据了整个产业的主导地位，逐步加剧了环境污染；当经济发展到较高水平后，资源的稀缺性会逐渐凸显，资本逐渐代替资源用于生产活动，同时用于减污的资金也会逐渐增多，进而对提高环境质量产生积极的促进作用。减污投资从不足到充足的变动构成了环境质量与收入之间形成倒"U"型的基础。

2.2　文　献　综　述

2.2.1　碳排放与经济增长研究

国内外学者对经济增长与碳排放的研究大致可分为两类：一类是验证环境库兹涅茨曲线是否存在以及该曲线的类型；另一类则是运用脱钩理论来分析二者之间的耦合关系，以此来找到二者关系的经验数据，为实现经济与碳排放双赢提供宝贵建议。

2.2.1.1　环境库兹涅茨曲线的验证与曲线类型

科学分析经济增长与碳排放之间的联系，正确地判断本国（地区）经济与环境关系所处的阶段，对于碳排放拐点的预测和实现经济与环境的和谐发展具有重要意义。在验证环境库兹涅茨曲线时，由于学者们使用数据的时间差异性和地区差异化，学者们的结论不尽相同，大致可分为"U"型、"N"型或是其他类型，这使得环境库兹涅茨曲线的适用性面临巨大的挑战。

美国环境学家格雷斯曼和克鲁格（1991）开创性地将库兹涅茨曲线理论应用于经济增长和环境污染之间的关系研究中，他们研究发现，当一个国家经济发展水平较低的时候，环境污染的程度较轻，但是随着人均收入的增加，环境污染呈现由低趋高的态势，环境恶化的程度随经济的增长而加剧；当经济发展达到一定水平后，也就是说，到达某个临界点或"拐点"之后，随着人均收入的进一步增加，环境污染又由高趋低，其环境污染的程度逐渐减缓，环境质量逐渐得到改善，这种现象称为环境库兹涅茨曲线（EKC）；1995 年，他们又进一步提出了碳排放环境库兹涅茨曲线（CKC）。其后，其他的一些学者证实了环境库兹涅茨曲线的存在（Selden and Song，1994；Schmalensee et al.，1998；Galeottia and Lanza，2005）。有学者则证实碳排放环境库兹涅茨曲线只存在于经济合作与发展组织（OECD）国家（Marzio Galeotti et al.，2006；Iwata et al.，2012）。有学者采用老挝 1980～2010 年的时间序列数据，验证了老挝经济发展与碳排放之间存在倒"U"型EKC关系（Phimphanthavog，2012）。李锴等（2011）、全世文等（2019）的研究表明，中国经济增长与碳排放的协整关系在1980年左右发生了显著的结构变化，且结构变化的类型符合环境库兹涅茨曲线的倒"U"型特征。在分地区和细分量化指标的研究中，针对人均二氧化碳排放量，部分学者认为我国大部分地区存在二氧化碳环境库兹涅茨曲线，但基本上都未达到拐点，也就是还处于上升阶段；针对二氧化碳排放强度，学者们提出大部分地区存在"U"型曲线（王佳等，2013；范丹，2014）。由此可见，我国东部和中部地区人均碳排放的倒"U"型曲线，乃至西部地区的"U"型曲线特征足以说明，在经济发展的不同阶段和不同地区，我国经济发展与人均碳排放存在着不同的关系（许广月等，2010；高静等，2011）。

还有一些学者认为，环境与经济增长之间的关系并非是倒"U"型关系，而是"N"型关系。有学者认为碳排放与经济增长呈"N"型关系（Moomaw and Unruh，1997；Friedl and Getzner，2003；Martinez Zarzoso and Bengochea – Morancho，2004）。胡初枝等（2008）、胡宗义等（2014）的研究结论也表明，我国碳排放量与经济增长呈现"N"型关系，而不是呈现倒"U"型特征，就现阶段的情况来看，两者间具有双向的作用关系（邹庆，2014）。另外，和中国相类似的是，较多亚太经济合作组织（APEC）成员方碳排放与经济增长关系呈现倒"N"型曲线形态——人均碳排放随人均GDP先下降后上升再下降（唐葆君等，2015）。

环境与经济增长之间除了倒"U"型、"N"型关系之外，还有一些学者证实，碳排放随着经济增长是单调递增的。有学者利用IPAT方法对碳排放量测算以后，引入人均收入指标进行相关关系检验，发现发达国家的碳排放库兹涅茨曲线并不是"U"型的，而是单调递增的（Copeland and Taylor，2015）。许多学者对一系列发展中国家经济发展与碳排放关系的实证检验也证明了碳排放不是"U"型增长而是单调递增的结论（Benz，2009；Halicioglu，2009）。也有学者研究得出人均二氧化碳排放与人均收入呈单调递增的关系，并且不存在拐点（Shafik and Bandyopadhyay，1992；Wagner，2008）。

还有一部分学者认为，环境与经济增长之间并不存在ECK关系（Agras

and Chapman, 1999; Richmond and Kaufmann, 2006; Roca and Hntara, 2001; Azomahou, Laisney and Van, 2006; He and Richard, 2009)。有学者基于 VAR 模型,在考虑固定资本形成总额和劳动投入以及引入能源消费因素的模型中,发现美国的 GDP 和碳排放不存在倒"U"型的 EKC 关系(Soytas et al., 2007)。此外,冷雪(2012)、胡宗义(2013)的实证结果证明,中国的二氧化碳排放和经济增长两者之间存在环境库兹涅茨曲线且中国的经济增长与环境质量之间不存在倒"U"型曲线关系。

2.2.1.2　碳排放与经济增长之间的脱钩程度

20 世纪末,资源环境学者将物理学上的脱钩概念引入环境等领域,用于分析经济增长与环境压力或资源消耗之间的关系,这一关系一般有两种指标模式,即 OECD 脱钩指标和 Tapio 脱钩指标。OECD 指标构建模式主要用于描述环境压力与其影响因素间的关系,其脱钩关系分为两种状态,如果两者的增长速度都为正,但经济增长率高于二氧化碳排放增长率,称为"相对脱钩";如果经济稳定增长而二氧化碳排放量反而减少则为"绝对脱钩"。特皮欧(Tapio, 2005)提出了"脱钩弹性"(decoupling elasticity)的概念。Tapio 脱钩指标有八种,分别是弱脱钩、增长连结、增长负脱钩、强负脱钩、弱负脱钩、衰退连结、衰退脱钩、强脱钩,这一指标体系能更精确地反映出不同地区以及同一地区不同时段经济发展与二氧化碳排放量之间的脱钩关系。

(1)碳排放与经济增长脱钩状态。

经济合作与发展组织(OECD, 2008)选择了 38 个指标作为环境与经济脱钩评价指标,对其 30 个成员国进行了脱钩分析;朱克尼斯(Juknys, 2003)从初级与次级脱钩角度出发,分析了立陶宛的脱钩情形;特皮欧(2005)对 1970~2001 年欧洲的交通业经济增长与运输量、温室气体之间的脱钩情况进行了研究;大卫·格雷等(David Gray et al., 2002)应用脱钩评价模型对苏格兰地区的经济增长与交通运输量和二氧化碳排放之间的脱钩情况进行了研究。卢等(Lu et al., 2007)运用德国、日本、韩国等国家和地区的交通行业数据,比较分析了 1990~2002 年各国和地区经济增长与能源需求和碳排放的脱钩关系。

国内一些学者也将上述两类脱钩指标应用于经济增长与碳排放的研究中，分析了我国的脱钩状态。查建平等（2011）和孙耀华等（2011）的研究表明，1998～2009年，我国绝大部分省份经济增长与碳排放之间呈现弱脱钩状态，经济增长速度大于碳排放增长速度，表明此阶段我国的减排工作取得了初步成效。同样，肖宏伟等（2012）指出在"十一五"期间我国把节能减排作为调整经济结构、转变经济发展方式的重要抓手，区域碳排放与经济发展之间的脱钩关系由扩张负脱钩或增长连结状态变成弱脱钩状态。还有一些学者的研究结论也表明，我国经济增长与碳排放之间呈现弱脱钩状态（仲伟周，2012；公维凤等，2013；武力超等，2013）。孙叶飞等人（2017）从空间视角对脱钩特征及驱动因素进行分析的过程中，发现在研究的三个时段中中国总体脱钩状态变动特征为弱脱钩—扩张连结—弱脱钩；齐亚伟（2018）指出中国经济增长与碳排放呈现扩张连结—弱脱钩—强脱钩的波动态势。此外，杨嵘等（2012）将中国中西部发展以来二者脱钩状态进行了更精细的时间段划分：1996～2010年中西部地区经济增长与碳排放的脱钩状态不断变化，具体为：1996～1997年为弱脱钩；1998～1999年为强脱钩；而2000～2002年又为弱脱钩；2003～2006年为扩张性负脱钩；2007～2010年再次为弱脱钩。王佳（2013）则认为，我国大部分地区处于弱脱钩状态，有些能源大省（区），如山西、内蒙古等处于增长连结状态，说明我国地区经济发展与二氧化碳排放并未实现脱钩。

在分行业的研究中，武力超等（2013）、胡颖（2015）的研究结果表明，我国农业、制造业、建筑业、生活消费行业与其他多数行业的碳排放水平均得到一定控制，处于弱脱钩状态；交通业与零售餐饮业碳排放量随经济增长稳步提升，能源消耗结构与利用效率没有明显改善；电力行业碳排放与增加值之间为扩张负脱钩，主要问题为能源消耗结构不合理；采掘业发展途径最不理想，无论能源消费结构还是能源利用效率均有待进一步提高；梁日忠等（2013）指出，1990～2008年间中国化工产值增长与其二氧化碳排放之间处于相对脱钩或弱脱钩状态。

（2）碳排放与经济增长的因果关系检验。

近年来部分学者运用格兰杰（Granger）因果检验等方法分析了经济增长与碳排放之间的因果关系，研究结论包括单向因果关系与双向因果关系两种，由于各国发展水平不尽相同，因果关系也呈现不同的研究结论。

肖特斯等（Soytas et al.，2007）率先运用此技术探讨了美国经济、能源消耗与环境（简称"3E"）之间的关系，研究表明国民收入与碳排放、国民收入与能源消费之间并不存在因果关系。昂（Ang，2008）基于马来西亚数据，艾波吉斯和佩恩（Apergis and Payne，2009）基于南美国家数据检验3E 之间的关系，研究发现，短期内能源消费、经济增长会引起碳排放增加，长期内经济增长和碳排放之间却没有反馈效应。昂（2009）、张和陈（Zhang and Cheng，2009）、加利和莫罕默德（Jalil and Mahmud，2009）借鉴上述研究技术基于中国的相关数据尝试研究污染排放、能源消费与经济增长之间的因果关系，但是对于变量间因果关系方向的判断并不一致。

在对各国经济增长与碳排放之间的因果关系研究中发现，不同国家有不同的因果关系。库都和丁达（Coondoo and Dinda，2002）基于传统的 Granger 因果关系检验研究了不同地区的碳排放与经济增长的关系，结果表明北美、西欧等发达国家和地区存在碳排放对经济增长的单向因果关系，对于南美洲、大洋洲国家和日本等，存在着经济增长到碳排放的单向因果关系，在非洲等国家和地区，则存在碳排放和经济增长的双向因果关系。库都和丁达（2006）基于面板数据模型对 88 个国家 1960～1990 年碳排放与经济增长的关系进行研究的结果表明，欧洲国家存在着碳排放到经济增长的单向因果关系，在美洲国家存在经济增长到碳排放的单向因果关系，在非洲国家存在碳排放和经济增长的双向因果关系。刘（Liu，2006）通过时间序列模型和 Granger 因果关系检验研究了挪威 1973～2003 年的碳排放与经济增长之间的关系，结果表明存在经济增长和碳排放的双向因果关系。肖特斯和沙瑞（Soytas and Saria，2009）基于 VAR 模型以及广义脉冲函数和 Granger 因果关系检验研究了土耳其碳排放、能源消费与经济增长之间的相互影响关系，结果表明碳排放与经济增长之间并不存在任何方向的因果关系。加利和莫罕默德（2009）通过时间序列模型检验研究了中国 1975～2005 年碳排放与经济增长的 Granger 因果关系，指出存在经济增长到碳排放的单向因果关系。沙尔（Sajal，2010）检验研究了印度 1971～2006 年碳排放与经济增长之间的关系，结果表明存在经济增长到碳排放的单向因果关系。利恩和史密斯（Lean and Smyth，2010）研究了东南亚地区 5 个国家的碳排放与经济增长之间的 Granger 因果关系，发现碳排放到经济增长之间具有单向因果关系。同时，也有学者的研究表明中国、印度、南非等多个发展中国家存在着由二氧化碳排放到经济增长的非线性 Granger 因果关系。陈茜（2010）等采用两个变量之间的协整分析，检验了6个典型的发达国家的碳排放与经济增长的因果关系，结果表明：不同的国家发展阶段不同，碳排放与经济增长的 Granger 因果关系不相同；即使发展阶段相同，碳排放与经济增长的 Granger 因果关系也不同。刘倩（2012）在相同的时间跨度下结合 EKC 假说和 Granger 因果关系，分析全球15个主要温室气体排放国家的碳排放与经济增长之间的关系，结果表明，不同国家碳排放与经济增长的因果关系不同，中国在1960~2007年间，碳排放与经济增长之间不存在因果关系。

一些学者对中国经济增长与碳排放之间的关系进行了 Granger 因果关系研究，结果表明，中国碳排放与经济增长之间为双向因果关系（许广月，2010；赵爱文，2012；孟军，2013；尚勇敏等，2014）。武红（2013）特别指出1953~2010年，中国存在从化石能源消费碳排放到经济增长的单向因果关系。但是，也有一些文献指出，经济增长是碳排放的单向长期 Granger 原因（徐国政，2016）。

总之，通过对文献的梳理，不难发现，碳排放与经济增长关系错综复杂，二者之间的 Granger 因果关系在不同国家和不同地区的表现也不尽相同，加之指标选取标准不同以及其他重要考量因素的纳入分析，使得二者之间的关系更加复杂。

2.2.2 碳排放影响因素研究

目前碳排放的因素分解主要使用 Laspeyres 指数分解、Divisia 指数分解和 LMDI 对数均值指数分解法，也有学者采用模型来分析经济活动同碳排放之间的关系，如 STIRPAT 模型、Kaya 恒等式等。

2.2.2.1 国外碳排放影响因素分解

戴克拉克等（Diakoulaki et al.，2006）将希腊1990~2002年均等地分为两个碳排放时期，采用简化的 Laspeyres 模型，对希腊碳排放增加的原因给出了解释，并针对如何完成碳减排目标提出了建议。此后，昂和潘迪亚（Ang and Pandiyan，1997）基于 Divisia 指数方法，把由能源消费所产生的二氧化碳排放强度分解为四个因子：燃料的碳排放系数、生产结构、燃料构成和部门能源强度。李等（Lee et al.，2001）采用自适应权重 Divisia 分解方法分析了 13 个 IEA 国家制造行业的碳排放情况，发现相较于 1973 年，大多数国家的制造业排放水平在 1994 年有所下降；虽然出口贸易量的增加对碳排放量产生了正向效应，但是能源使用效率的提高不仅完全抵消了这种效应，而且燃料组合效用的改变也降低了碳排放水平。李等（Lee et al.，2006）以 APEC 成员作为研究对象，通过 LMDI 法对二氧化碳排放量进行分解，研究发现，人均 GDP 和人口数量是导致碳排放量增长的主要因素。克劳蒂亚等（Claudia et al.，2010）则分析了墨西哥钢铁行业 1970 ~ 2006 年的能源和二氧化碳排放量的发展趋势，并且基于对数平均 Divisia 指数模型，将碳排放分解为规模、结构和技术效应。结果表明，规模效应对碳排放增长的贡献值达到了 227%，而结构和技术效应则分别为 – 5% 和 – 90%，后两者的效应根本无法抵消前者所拉动的碳排放量的持续增长。此外，比罕特查理亚等（Bhattacharyya et al.，2010）运用 LMDI 分解方法研究发现，1990 ~ 2007 年欧盟 15 个国家碳排放强度的下降主要来自德国和英国，其决定性因素是能源强度下降。梁大鹏等（2015）将眼光放到了作为世界重要工业经济体的金砖五国上，运用 LMDI 模型，探究了 1992 ~ 2012 年影响五国二氧化碳排放成本的主要因素，并比较分析了五国关键影响因素存在差异的原因，实证结果表明：首先，单位二氧化碳排放成本和人均 GDP 增长显著提高了五国二氧化碳排放成本；能源强度下降有助于降低俄罗斯、南非、中国、印度的二氧化碳排放成本；其次，油气消费量上升提高了巴西和南非的二氧化碳排放成本，煤炭和石油消费量下降有助于降低俄罗斯二氧化碳排放成本；大规模的化石能源消费对提高中国和印度二氧化碳排放成本的作用更明显（梁大鹏等，2015）。胡振等（2018）以日本 2001 ~ 2011 年数据为样本，基于 IPAT – LMDI 扩展模型，构建了一个包括家庭规模、住宅利用率、经济发展水平、碳排放率、能源消费结构和能源消耗强度的日本家庭碳排放因素分解模型。研究结果表明，日本户均碳排放波动上升趋势是正向驱动因素和抑制因素共同作用的结果，其中碳排放率、能源消费结构和经济发展水平是正向驱动因素，能源消耗强度、家庭规模和住宅利用率是抑制因素；不同时期日本户均碳排放对抑制因素的敏感程度不同，总体来看，对家庭规模的敏感程度较高，对经济发展水平的敏感程度较低。

卡亚（Kaya，1989）则利用 Kaya 恒等式，将碳排放增长分解为四个影响因素：人口、富裕度（人均 GDP）、能源强度和单位能源消费碳排放，通过这四个变量，可以较好地解释经济和社会活动对碳排放的贡献率，这一模型为其他研究者提供了研究思路，从而成为广泛应用的模型。朵罗和潘蒂拉（Duro and Padilla，2006）利用 Theil 指数分解法，证实 Kaya 模型中四个因素的影响力，研究发现，引起不同国家人均碳排放差异的最重要因素为人均收入，其次为能源消费碳排放强度与能源强度。李等（Lee et al.，2006）基于 Kaya 恒等式，运用对数平均迪氏分解法研究了 APEC 中 15 个成员 1980 年和 1998 年两个时间段上二氧化碳排放量的变动情况，发现人均 GDP 和人口的增长是大多数成员二氧化碳排放增加的主要原因。金里奇等（Gingrich et al.，2011）利用奥地利与捷克斯洛伐克 1930～2000 年碳排放强度数据，通过 Kaya 恒等式与对数比较分析方法研究了这两个国家的碳排放强度影响因素，他们认为，能源强度与产业结构的变化对碳排放强度有重要作用。

斯考茨（Scholz，2006）运用扩展的 IPAT 模型，分析了日本城市工业碳排放的变化原因，回归结果表明，富裕城市通过提高效率来降低碳排放，城市中环境保护协会和非营利组织对工业碳排放有负向作用。罗伯茨（Roberts，2011）运用 STIRPAT 模型研究发现，人口和富裕度都是造成美国西南地区二氧化碳排放量增加的重要原因。宝曼尼王和苛尼欧（Poumanyvong and Kaneko，2010）运用 1975～2005 年 99 个国家的平衡面板数据，采用 STIRPAT 模型研究了不同发展阶段城镇化对能源利用和二氧化碳排放的影响，其结论显示，城镇化对低收入组国家人均能源消费有负向作用，对中等收入组和高收入组国家人均能源消费的影响是正向的。

2.2.2.2　中国碳排放影响因素的分解

王（Wang，2005）等采用对数平均迪氏分解法对我国 1957～2000 年的二氧化碳排放进行了分解，结果表明代表技术因素的能源强度是减少碳排放的最重要的因素，能源结构的调整也起到一定的作用，但经济增长却是引起碳排放增加的重要因素。马和斯特恩（Ma and Stern，2010）对我国 1971～2003 年的二氧化碳的排放也采用类似的方法进行了分解，结果表明生物质能占比下降对碳排放减少产生了积极影响。昂等（Ang et al.，1998）同样利用 LMDI 分解法，对中国工业部门 1985～1990 年的 4 种燃料和 8 个行业消费能源的二氧化碳排放进行了研究，其结论表明，工业部门总产出的变化对该部门二氧化碳排放产生了较大的正向效应，而工业部门能源强度的变化则对二氧化碳排放起到了较大的抑制作用。刘等（Liu et al.，2007）将中国工业部门二氧化碳排放的研究扩大到 36 个行业，同样运用 LMDI 分解法，集中研究了中国 1998～2005 年工业部门的二氧化碳排放，其结论表明，工业经济发展和工业终端能源强度是推动二氧化碳排放变化的最重要因素，工业部门结构变化减少了 35.14% 的二氧化碳排放量。

徐国泉等（2006）采用对数平均权重 Divisia 指数分解法分析了 1995～2004 年中国人均碳排放的影响因素，结果显示经济发展对拉动中国人均碳排放的贡献率呈指数增长，而能源效率和能源结构对抑制中国人均碳排放的贡献呈先增后减的作用。宋德勇和卢忠宝（2009）基于我国 1990～2005 年时间序列数据，研究发现除了经济增长是一大重要驱动因素之外，中国能源消费产生的二氧化碳主要受产出规模和能源强度的影响，而关键的能源强度又主要受部门能源强度的影响，但能源结构变化与产出结构总体上影响不显著。但是，还有一些学者指出，除了人均收入外，能源强度、产业结构和能源消费结构都对二氧化碳排放有显著影响，特别是能源强度中的工业能源强度（林伯强等，2009；鲁万波等，2013；邓吉祥等，2014；董锋等，2015；王喜等，2016）。王锋等（2010）以中国化石能源消费的温室气体排放增长率数据为基础，采用对数平均 Divisia 指数分解模型，研究了中国二氧化碳排放的驱动因素，结果表明，人均 GDP、人均交通工具的数量、人口总量、产业结构以及家庭纯收入是造成中国二氧化碳排放量年均增长 12.4% 的最主要因素；而各部门能源强度、交通运输距离以及居民生活能源强度是抑制碳排放的最重要因素，其中，能源强度的高低对碳排放的影响起到了至关重要的作用，要实现中国碳减排最重要的途径就是必须降低工业能源强度。方齐云等（2017）也基于对数平均 Divisia 指数分解法进行研究，发现对碳排放一直保持正向促进作用的有人口规模、城镇化率、城镇就业率，对碳排放

西部地区工业碳排放地区差异与环境规制优化研究
Regional Differences in Industrial Carbon Emissions and Environmental Regulation Optimization in Western China

一直保持负向抑制作用的是就业的城乡结构，而经济结构和碳排放强度则呈现分阶段正负作用交错的形态。王锋等（2013）基于 Divisia 指数分解法的研究表明，1995～2007 年碳排放增加最大的因素是经济发展，其次是产业结构和能源结构或者是碳强度的改变，而能源强度下降会带来碳排放量的减少，但最近几年的碳排放量的增加明显是由于经济发展引起的，而且经济结构、能源结构的改变、能源强度的增加都对碳排放量起到了正向作用。另外，我国经济结构中"高碳排放"行业比例越来越大，能源消费结构中清洁能源比例过低是引起碳排放增加的重要原因，国家应对于经济高速发展阶段的产业政策和未来能源发展战略等方面给予足够的重视（蒋金荷等，2011）。

在进一步研究中，雷厉等人（2011）测度了 1995～2008 年我国 29 个省份的碳排放量，并且运用 LMDI 分解法分析了中国碳排放的影响因素以及其区域差异，发现人均 GDP、能源结构、能源强度等因素和各产业能源强度及产业结构因素对于各省份碳排放增长的影响方向和影响程度存在差异，但从全国及东中西三大区域看，人均 GDP 是促进碳排放量增长的决定因素，能源强度下降是抑制碳排放增长的主要因素，而能源强度变化主要由工业部门能源强度的变化决定，产业结构变化通过促进能源强度的增加，间接推动了碳排放量的增长，能源结构虽然推动了碳排放的增长，但其影响程度较小。

综上所述，影响碳排放的驱动因素大致包括经济、能源、产业、技术、人口、投资、贸易城镇化水平以及环境规制等方面，然而各因素对碳排放的影响程度及影响方向各不相同。究其原因，一方面，不同国家和不同地区经济发展水平、技术水平和资源禀赋等客观条件存在较大差异；另一方面，不同的因素分解法和选择不同时期研究数据，也是导致不同国家和不同地区碳排放影响因素有所差异的重要原因。

2.2.3　碳排放地区差异研究

由于中国幅员辽阔，地理因素与资源禀赋截然不同，不同地区的碳排放存在较大差异，在地区分布上呈显著的非均衡特征。加之学者们采用不同的度量方式、不同的检验方式，得出的研究结论并不统一。

2.2.3.1　碳排放地区差异现状

潘蒂拉和塞拉诺（Padilla and Serrano，2006）以 1971～1999 年的跨国数据为样本，采用 Theil 指数和伪基尼系数对碳排放以及收入的跨国差异进行测度，结果发现相对于收入差距，碳排放差异更大。坎托尔和潘蒂拉（Cantore and Padilla，2010）也得到了类似的结果。克拉克等（Clarke et al.，2011）运用变异系数等三种方法对中国碳排放差异进行区域测度和分解，认为碳排放整体差异主要是区域内差异造成的。

刘华军和赵浩（2012）采用可进行子群分解的 Dagum 基尼系数对碳排放地区差异进行了测度，结果表明，中国碳排放强度地区差异特征明显，区域间差异对总体差异起主要作用，地区内差异则影响较小。郑佳佳（2014）运用基尼系数和 Theil 指数得到的结果为：与收入分布不平等相比，中国碳排放区域分布不平等程度更严重。万伦来等（2014）却得到了不同的结论，他们认为，中国碳排放总体差异较为合理，区域内差异对总体差异作用最大，各区域碳排放水平重叠程度较高。同样，宋德勇和刘习平（2013）的研究表明，中国省际碳排放处于较为公平的水平上，中国碳排放省际差异较小。

谭丹（2008）、徐大丰（2010）、张雷等（2010）和王迪（2012）着眼于地理位置进行区位划分，采用东部地区、中部地区和西部地区三区域划分法，对中国碳排放区域差异进行了分析，研究结果均显示，东部地区碳排放量最高，其次为中部地区，西部地区最低，且从变化的角度来看，东部地区差异呈降低趋势，但中西部地区没有明显变化。仲云云等（2012）的研究也表明，东部地区是排放量的第一俱乐部，中部地区是第二俱乐部，西部地区是第三俱乐部；东部地区的碳排放强度最低，中部地区次之，西部地区最高。王少剑等（2018）的研究结论则表明，西部城市间的差异对碳排放总体差异的贡献份额最大，东部和中部地区次之。刘传江等（2015）采取四区域划分法，考察了中国碳排放区域差异，分析指出，按照碳排放量递减排序，依次为东部地区、中部地区、东北地区和西部地区，而碳排放强度从大到小的地区分布则恰恰相反，依次为西部地区、东北地区、中部地区和东部地区。

牛秀敏（2016）运用改进的 DEA 模型对我国各地区全要素碳排放效率及其差异进行了实证研究，发现从碳排放总量来看，全国、东中西部地区及各省份在整个研究时期内碳排放总量均呈不断增加的趋势；碳排放总量的排序为：东部地区＞中部地区＞西部地区；从人均碳排放量看，西部地区的人均碳排放增长最快；从碳排放强度看，碳排放强度的地区排序为：西部地区＞中部地区＞东部地区。周星（2017）基于区域异质性的视角研究发现，第一，东部地区碳排放强度下降较快；第二，碳排放强度差异由中东、中、西部内的区域差异引起；第三，就碳排放分布而言，东部地区碳排放内部差异较为明显，且分布极不均匀，中部地区差异最小；就人均碳排放而言，东部地区内部差异较小，人均分布均匀，中、西部次之。总体而言，中部和西部地区碳减排技术效率普遍较低，特别是中部地区大部分省份高碳经济特征明显（胡玉莹，2010；王佳，2012；涂正革等，2013；任志娟，2014；付云鹏等，2015；张晶，2017），西北地区的碳排放也存在明显差异，且能源消费碳排放的空间集聚特征显著（马彩虹等，2016）。

2.2.3.2 碳排放地区差异形成原因

碳排放地区差异的影响因素大致可归结为经济发展、产业结构、能源结构、技术水平、人口模型和城镇化水平等方面。

我国东、中、西部二氧化碳排放量存在差异且明显呈逐步扩大趋势，主要是由于不同区域经济增长和资源消耗不同所引起的（王佳，2012；刘亦文等，2015）。各区域之间城市化水平和能源结构是重要原因，产业结构、对外开放水平的差异也不容忽视（王佳，2014）。多重影响因素中，人均GDP 是促进碳排放量增长的决定因素，而产业部门的能源强度下降则是抑制碳排放增长的主要因素（仲云云等，2012）。经济发展效应对经济发达地区的碳排放正效应弱于其他地区，能源强度效应对经济结构调整活跃地区的碳排放有较强的抑制作用，能源结构效应受宏观经济形势与能源政策影响，对碳排放的影响有较大波动（邓吉祥等，2014）。任志娟（2014）认为，能源强度、煤炭占一次能源中的比例、经济发展、产业结构是影响碳排放的重要因素，也是造成不同地区碳排放强度产生差异的主要原因。

技术因素也是影响碳排放地区差异的重要因素。朱德进（2013）研究发现，无论是从技术落差率还是从 Malmquist 二氧化碳排放绩效指数来看，东部地区有明显的优势，也最靠近生产技术前沿，碳排放技术的提高推动着生产前沿不断前进；中西部地区仍处于较低技术水平，但发展潜力巨大，更易形成边界追赶效应。由于技术水平和内部结构的差异，中西部地区经济规模扩张的边际碳排放量远远大于东部地区。伴随工业化、城镇化的日趋深入，地区间工业、商业部门的万元 GDP 增加的边际碳排放量差异尤为明显（涂正革等，2013）。

人口规模效应对区域碳排放有较大的正影响（邓吉祥等，2014）。赵桂梅（2017）研究发现，人口规模的变动不仅会对本地区的碳排放强度变动产生影响，同时会通过影响因素的空间传导机制影响周边地区碳排放强度的变动。因此，中国碳排放强度的影响因素存在着时空溢出效应，各驱动因素对各省份碳排放强度变动的影响存在阶段性特征。赵桂梅（2017）的研究还发现，城镇化水平不仅会影响本地区碳排放强度变动，也会通过空间溢出效应影响周边地区碳排放强度的变动。唐李伟等（2015）、刘莉娜等（2016）的研究表明，各地区城镇化发展对生活碳排放的影响存在显著的地区差异且具有门槛效应，我国东部地区部分省份城镇化发展因受限于经济发展水平跨越了门槛值而对生活碳排放产生抑制作用，但其他大部分省份城镇化发展因经济发展水平无法实现对相应门槛值的跨越，从而未能对居民生活碳排放产生抑制作用。

综上所述，我国确实存在碳排放的区域差异，并且区域差异呈现不断扩大的态势，学者们从经济发展水平、能源结构、能源强度、技术水平和城镇化水平等多重因素分析了地区碳排放差距产生的根源，但研究结论并不统一。

2.2.4 环境规制对碳减排的影响

在资源环境约束下，通过合理的环境规制来推进工业绿色全要素生产率的持续改善成为新型工业化的必然之路（陈诗一，2010）。关于环境规制对于企业减排行为的影响，主要有三种观点，一是环境规制的"绿色悖论"；

二是环境规制的"倒逼效应";三是环境规制对碳排放的影响并非线性影响,而是会受时间因素、所处行业和地区差异等多种因素的影响。

2.2.4.1 "绿色悖论"

斯恩(Sinn,2008)的"绿色悖论"理论表明,随着环境规制强度的渐增,能源所有者将加快能源开采,并在新的环境规制标准实施前出售完能源资产,从而加快能源消费,这必然会造成环境恶化。斯恩将导致"绿色悖论"的三种可能机制总结为碳税设置不恰当、减少化石能源需求的政策手段不合理与政策执行的时滞性。之后,格兰夫(Gerlagh,2011)、斯马德等(Smulders et al.,2012)的研究支持了斯恩的观点,强调环境规制加快了能源耗竭,最终导致碳排放的上升。马瑞尔等(Maria et al.,2008)的研究结果表明,煤炭和石油拥有者可能会在气候政策执行前降低价格,增加能源消耗,加剧污染排放。斯马德等(2012)的研究表明,碳税政策的提前公布会导致碳排放迅速增加,原因是它会在公告和实际执行期之间增加碳排放而不考虑化石燃料的稀缺性。汉瑞克等(Hendrik et al.,2014)发现"绿色"政策措施可能不仅会导致化石燃料加速开采,而且会导致温室气体的大量排放。李程宇(2015)采用制度分析与市场均衡分析法讨论了"绿色悖论"问题,研究指出国际合作制度的不健全、对不可再生资源的征税和对其替代品的补贴是导致"绿色悖论"的主要原因。张华等(2014)的实证研究得出"绿色悖论"是真实存在的。柴泽阳等(2016)学者通过空间杜宾模型也同样验证了我国部分区域因为存在环境规制而导致碳排放增加。

2.2.4.2 "倒逼效应"

"倒逼效应"是指政府环境规制会倒逼企业进行技术创新和产业转型升级,扭转了产业结构和技术创新对碳排放的作用方向,从而显著促进了行业碳排放强度下降。弗雷德里克等(Frederick et al.,2012)的研究表明,考虑绿色福利的情况下,未来便宜的可再生能源使得环境规制未必促进碳排放增加和绿色福利下降;罗伯特(Robert,2014)、汪恒等(2016)的研究也证实,在现有的石油生产和技术特征下,环境规制不可能使碳排放增加,政府环境政策的颁布对能源市场的作用并非一定提高碳排放。张博等(2013)

认为开征碳税越早，其效力越强，可分区域开征不同税率的碳税，以掌握其对污染的承受能力，进而对碳税进行动态的调整。李永友和沈坤荣（2008）则基于省际面板数据，证实了环境规制对污染减排的显著促进作用，相似地，邵帅等（2010）将节能减排政策设置为虚拟变量，其研究结论强烈支持政府环境规制能发挥"节能减排"效应。同样，何小刚和张耀辉（2012）基于扩展的 STIRPAT 模型，通过引入时间趋势捕捉政策因素，表明政府有关节能减排的宏微观政策显著促进了行业碳排放和碳强度下降。谭娟等（2013）运用 VAR 动态模型，也实证了环境规制对碳排放有显著的抑制作用。

2.2.4.3　不确定性论

当然，还有一些学者认为，环境规制对碳排放的影响既表现为"绿色悖论"，也表现为"倒逼效应"，两个效应可能同时存在（Wang Min，2018）。张华和魏晓平（2014）的研究表明，环境规制对碳排放的影响呈现显著的倒"U"型，随着环境规制强度由弱变强，影响效应由"绿色悖论"效应转变为"减排"效应，拐点之前呈"绿色悖论"效应，拐点之后呈"倒逼减排"效应；王晓红等（2018）研究发现，环境规制与中国循环经济绩效之间也存在倒"U"型曲线动态关系，即环境规制对循环经济绩效呈现先促进后抑制的作用。沈能（2012）认为，环境规制强度和环境效率之间符合倒"U"型关系，具有显著的三重非线性门槛特征。当环境规制强度小于阈值时，随着环境规制强度的增强，碳排放随之增强；当环境规制强度大于阈值时，环境规制对碳排放的影响会由促进作用转变为抑制作用。但是，张先锋等（2014）、邝嫦娥和邹伟勇（2018）的研究却发现，环境规制对碳排放的影响表现出显著的正"U"型，环境规制在一定范围内对碳排放起促进作用，超过一定限度后则对碳排放起抑制作用，环境规制对碳排放的作用存在一个阈值。

环境规制与企业环境绩效关系并非确定不变，其影响效果可能是积极的也可能是消极的，会因时间维度不同、地区不同和行业差异等因素产生不同的影响效果。袁等（Yuan et al.，2017）从非线性的角度探究环境规制对生态效率的影响，认为不同环境规制强度对生态效率存在"U"型不确定效应，但当下的环境规制有利于地区生态效率的改善。柴泽阳等（2016）的研究结果表明，在财政状况、技术创新 FDI 和居民生活水平的门槛作用下，环境规制表现出对碳排放的倒"U"型特征和省区异质性。徐志伟（2016）认为，由于环境规制投资依然不足，规制效率相对偏低，"先污染，后治理"发展模式在过去十余年没有发生本质变化，环境规制的效果仅在东部地区较为显著。同样，黄清煌等（2016，2017）等的研究表明，从分地区样本来看，在低分位和中分位，东部地区环境规制的节能减排促进效应最为明显；中、西部地区环境规制的节能减排效应只表现在高分位，但在西部地区却为抑制作用。从分阶段样本来看，在中分位和高分位，第一阶段环境规制的节能减排促进效应才呈现；第二阶段环境规制的系数在各分位点均显著，且第二阶段环境规制对节能减排效率的弹性高于第一阶段。舒安东（2019）实证检验了不同环境规制的减排效果是否具有门槛效应，研究发现，环境规制的强度确实因环境规制的手段不同而有所不同，其中，法律手段、技术手段不会因地方财政实力的异质性表现出明显的门槛特征，而行政手段在政府规模较小（地方财力较弱）地区的减排效果显著，经济手段在政府规模较大（地方财力雄厚）地区的减排效果显著。

综上，可以看出环境规制对于企业治污减排的影响结论并不统一，环境规制的减排效果参差不齐，我国环境规制工具的交叉应用还不成熟，环境规制体系还存在较大的待完善空间。

2.2.5 环境规制的优化研究

环境规制工具可以划分为两种类型：一种是命令型环境规制工具，另一种则是市场型环境规制工具。强制性的排放标准和技术标准属于命令型环境规制工具，而碳税、碳排放权交易制度和减排补贴则属于市场型环境规制工具（Tietenberg，1997）。

2.2.5.1 命令型和市场型环境规制工具的比较研究

多数学者都指出市场型环境规制工具的效果要好一些。鲍默尔和奥特斯（Baumol and Oates，1971；1988）对命令控制型规制工具和市场激励型规制工具进行了比较，分析结果表明类似于排污收费、可交易排污许可证这样的市场激励型工具具有明显的减污效果。命令控制型规制工具对环境标准的要求相对较高，为达到环境标准，需要付出更高的污染控制成本。现实存在的信息不对称使市场型环境规制工具比命令型环境规制工具更具信息节省优势。从动态的视角来看，市场型环境规制工具能够更有效地刺激减污技术的发展，从而成为较为有效的环境规制工具。在相同的环境质量标准约束下，命令型环境规制工具所需要的成本是市场型环境规制工具的几倍甚至几十倍。市场型环境规制工具成本的节省主要来自企业减污成本的有效配置（Atkinson and Lewis，1974；Seskin et al.，1983；McGartland，1984；Tietenberg，2001，Sterner，2002；安崇义和唐跃军，2012；Bai and Chen，2016；马富萍和茶娜，2012；贾瑞跃等，2013；涂正革和谌仁俊，2015）。另外，相比于机械呆板的统一排放标准，市场型环境规制工具更具弹性和灵活性，可以激励企业选择最先进的技术，实现以最小的成本减少污染物排放（李斌和彭星，2013）。当预期边际收益较为平坦时，环境税等市场型规制工具更能激发企业进行技术创新以降低减排成本，从而使其比命令型环境规制工具更利于增加企业的利润（Magat，1978；Malueg，1989；Milliman and Prince，1989）。潘瑞（Parry，1998）通过理论和实证研究发现，考虑模仿效应的存在，环境税比许可证技术创新激励更高。瑞克特和乌诺尔德（Requate and Unold，2003）也认为环境税比许可证能提供更大的技术创新激励，排放标准提供的激励可能也会比许可证大。费尔等（Färe et al.，2013；2014）的优化模型则以最大化产出为目标函数，以美国81家火力发电厂为研究对象，比较了命令控制型政策与市场交易型政策对潜在产出的影响。在一般均衡模型下，碳排放权资源必然流向利用率最高的企业，而利用率低的企业将渐渐退出市场。有学者将环境规制区分为命令控制型和市场激励型，探究其对污染物减排和技术进步的影响，结果发现命令控制型有利于降低污染物排放，而市场激励型的相关效应较弱，但有利于实现技术进步（Cheng，2017）。

国内学者在研究关于环境规制工具的选择问题中，多数都提出逐步加大以市场为基础的激励型规制工具的应用，逐步减少命令控制型的环境规制工具，提高环境规制的效率，并形成节能减排及环境保护的多元化制度（王斌，2013；李斌等，2013）。部分文献还指出要兼顾地区差异，合理选择环境规制工具，并且重视各种环境规制工具的优化组合效应（屈小娥，2018；王晓红等，2018）。

2.2.5.2 市场型环境规制工具的减排效应研究

（1）碳排放交易机制的减排效应研究。

碳排放权交易的目的是通过经济的手段来优化碳资源的配置（Bruneau，2005）。2005 年欧盟排放权交易机制（EU ETS）——世界上第一个温室气体排放配额交易机制正式启动，这个机制被认为是比税收更为友好的促使企业减少排放温室气体的办法。如果企业具有较高的边际减排成本，则显然它更愿意购买碳排放权而不会进行自身的减排；如果企业具有较低的边际减排成本，则显然它更愿意自身进行减排甚至超额减排，从而通过出售过剩的排放权来获取利益。最终碳市场将形成一个均衡碳价，所有企业的边际减排成本相等并等于此碳价，从而保证了以最低的成本实现碳减排（王晓艳，2018）。碳价将占用环境的成本内部化、货币化，有利于引导社会资金投向清洁、节能和新能源技术，推动低碳经济发展与经济转型（魏一鸣等，2010；Chesney et al.，2016）。胡珺等（2020）基于中国 2013 年开始试点实施的碳排放权交易机制，考察市场激励型的环境规制对中国企业技术创新的影响，发现碳排放权交易机制的实施显著推动了企业的技术创新，但是企业的成本转嫁能力会在一定程度上削弱该环境规制的积极影响。张健（2009）认为矿业等能源依存度大的企业可以通过技术革新将减排的二氧化碳排放量通过碳交易机制出售，以减轻因二氧化碳减排带来的成本上升问题。

（2）碳税。

福利经济学的创始人庇古在其 1920 年出版的著作《福利经济学》（*The Economics of Welfare*）中，最早开始系统地研究环境与税收的理论问题，庇古（1932）建议可以通过征税，使私人边际成本与社会边际成本相等，即税收额度等于二者之间的差额。一些学者通过研究环境税的经济后果，指出征收环境税不仅可以改善环境和经济增长效应，还存在效率效应、就业效应和分配效应（Antelo M. and Loureiro M. L.，2009；Ciaschini M. et al.，2012；

Faehn T. et al. , 2009；Kallbekken S. S. et al. , 2011；Orlov A. and Grethe H. , 2012）。

有学者发现征收碳税可产生"双重红利"，但对各国产生的影响不尽相同，甚至截然相反（Pearce，1991）。有学者发现英国征收碳税既可实现既定的碳减排目标，又可促进经济持续增长（Barker，Baylis and Madsen，1993）；有学者研究了 21 个 OECD 国家的 9 个能源密集型行业，发现征收碳税能够显著减少碳排放（Zhao，2011）。也有一些学者的研究结论表明，碳税的实施并不能减少碳排放量。有学者研究发现，挪威征收碳税会提高碳排放总量（Bruvoll and LarSen，2004）；有学者针对欧盟和 OECD 国家的研究发现，环境税的增加并没有推动各个国家实现减排的目标（Morley，2014）。此后，为加快全球减排的步伐，应对全球性气候变化与温室效应等气候风险，国内外学者对于环境税中的碳税进行了大量的理论研究与经验研究，为政府制定相关碳税政策提供了有力的经验证据。

相对于国外研究，国内对环境税与碳排放关系的模型研究比较少，研究的历史也比较短。刘凤良（2009）在总量生产函数中引入环境的外部效应，构建了一个考虑环境质量和环境税的内生增长模型，认为开征环境税已经成为我国环保政策的现实选择，但是单纯开征环境税对经济增长和社会福利可能带来不利影响，必须使用配套政策以降低环境成本的上升。魏涛远（2002）指出征收碳税会降低二氧化碳排放量，但也会对中国经济增长带来负面影响。陆旸（2011）利用 VAR 模型研究发现，绿色税收政策能够促进低碳产业的产出增长，但在短期内不能释放就业方面的蓝色红利。刘亦文（2015）基于动态 CGE 等模型的研究也表明，开征碳税能降低单位 GDP 能耗及减少二氧化碳排放，但会对宏观经济和就业水平等方面带来较大负面冲击。另有学者从激励角度进行研究，发现仅实施环境税政策对企业污染减排动机的激励不足，环境污染无法得到有效控制，将会产生倒"U"型的污染累积路径，并造成较高的生产效率损失和社会福利损失。蔡栋梁等（2019）的研究表明碳税对环境质量的影响路径有三条，第一，碳税增加了政府环保部门收入，用于环保治理的支出增加，环境质量改善；第二，企业承担碳税后资产负债表恶化，贷款减少使企业产出减少，政府税收与环保治理支出减少，环境质量恶化；第三，企业为了少缴纳碳税，同样会实施节能减排，企业自身节能减排行为对环境质量的影响不确定。

征收碳税对不同行业的影响有所差异，总体来说，对重工业的影响较大，对轻工业的影响较小，征收碳税有利于调整产业结构。姚昕和刘希颖（2010）的研究表明，碳税可以通过市场机制调整产业结构，能够将现有的污染排放社会成本内部化，碳税的征收对重工业、建筑业等高耗能产业的冲击比较明显；管治华（2012）发现征收碳税推动了中国产业结构的调整，制约了采掘业、电力煤气及水生产供应业等高能耗的第二产业发展，促进了低能耗的服务业的发展；王丽娟（2014）指出适度地征收碳税可以促进经济总量的提升，在传统能源生产和消耗型产业适度降低生产规模的条件下换来了第三产业的高速发展；黄勇（2016）也认为征收碳税对水电行业、黑色金属冶炼及压延加工业、非金属矿物采选业、化工原料和化工产品制造业等影响最大，对银行金融业、法律服务业、房屋租赁业、房屋代理业等现代服务业影响其次，对其他产业影响较小。

（3）政府减排补贴。

政府补贴增加了企业利润和市场竞争力，延长了高污染企业出清市场的时间，也可能激励更多的污染企业进入市场，产生更多的污染（Kohn，1985）。赵书新（2011）认为政府补贴是企业主动减排的外部驱动力。杨仕辉（2014）对碳补贴政策与企业碳减排策略决策的三阶段博弈模型进行了分析，认为碳补贴政策能够激励企业碳减排技术研发。同样，侯玉梅等（2016）、张希栋（2016）的研究表明，在碳关税政策下，发展中国家选择减排研发补贴政策，能够促进企业的减排行为，对实际 GDP 的影响较小，但能够有效降低二氧化碳排放水平。武晓利（2017）的研究结果则表明，碳排放补贴仅仅在短期内对碳排放量有抑制作用，对环境质量改变的影响相对较小，而政府环保治理则能在长期改善环境质量。蔡栋梁等（2019）则研究了碳排放补贴影响环境质量的路径，研究发现，碳排放补贴对环境质量的影响主要有三条路径：第一，企业碳排放补贴将对原有环保治理支出形成挤出效应，使环境质量恶化；第二，碳排放补贴改善了企业资产负债表，企业能获得更多贷款进一步增加产出，政府税收、环保治理支出同比增加，进而改善环境质量；第三，企业自身节能减排行为一方面实现了碳排放量的减少，改善了环境质量；另一方面形成了一定的节能减排成本，降低了企业产出、政府财政收入和环保治理支出，环境质量恶化。因此，企业自身节能减排行为对环境质量的影响是不确定的。有学者提出在征收碳排放税时要考虑碳税对经济各变量的影响，实施恰当的经济政策，尽量减少不利影响，如实施补偿性的财政补贴等，减少征收碳税对经济产生的损失（冷雪，2012）。

（4）市场型环境规制工具的比较研究。

对于碳税和碳排放权交易而言，在信息完全对称、交易成本为零、交易价格等于边际减排成本等于边际减排收益的均衡点时，碳税和碳排放权交易这两种市场型环境工具的政策效果是一样的（Coase，1960；Weitzman，1974），但这种均衡条件只存在于理论层面。现实的情况是，碳税和碳排放权交易机制在实施成本和激励效果方面存在显著的差异。就实施成本而言，碳排放权交易机制的实施成本显著高于碳税机制，而碳税的减排激励效果则低于碳排放权交易机制（Stern，2007），原因在于两种环境政策的减排激励机制完全不同，碳税作为成本费用挤压了企业的利润空间，高排放企业只能通过产品价格将增加的成本转移给消费者（曾刚和万志宏，2009），从而导致整个国民经济状况变差。但碳排放权交易机制则不同，既定的碳排放总配额目标有力地保障排放企业的减排目标，减排企业通过技术创新完成配额目标并通过碳排放权交易增加利润。因此，碳排放权交易比碳税更能"保护"企业的市场竞争力和技术创新能力（曹翔和傅京燕，2017）。

碳税和减排补贴两种激励工具并非互相替代关系。碳税和减排补贴这两种规制工具间存在着明显的不对称性，补贴增加企业的利润，而税收减少企业的利润（Kamien et al.，1966；Bramhall and Mills，1966；Kneese and Bower，1968）。另外，就企业长期决策而言，碳税和减排补贴这两种环境规制工具也会带来不同的影响。政府减排补贴增加了企业利润和市场竞争力，延长了高污染企业出清市场的时间，也可能激励更多的污染企业进入市场，产出更多的污染；碳税则增加企业成本，使得企业的供给曲线左移，从而收缩产业规模的污染排放（Baumol and Oates，1988；Kohn，1985）。

当然，还有一些学者就上述三种市场型环境规制工具对企业技术创新的激励效果进行了比较和排序，但没有形成统一的研究结论（Downing and White，1986；Milliman and Prince，1989）。不同环境规制对企业污染治理的激励作用可能为正，也可能是负向影响，作用效果并不确定，把不同的规制措施对企业减排行为的激励作用给出一个明确排序是不可能的，原因在于不同环境规制工具激励作用的强弱依赖于企业采用治污新技术能力、成本、环境收益函数和企业生产函数等多种因素（Fisher，2003），也就是说，不同环境规制工具对企业减排行为的实施条件各不相同，所以很难确认哪一种环境约束因素更有效。环境问题的解决并非仅依靠一种规制工具就能立竿见影。每种环境规制工具的实施条件、实施成本和激励效果各不相同，具体哪种规制工具效果最佳，依赖于污染源的特征、环境规制工具的实施成本与实施收益等因素的综合考量（赵红，2007）。

2.2.5.3 环境规制工具组合实施效果探究

政府简单地基于市场型或者命令型环境规制工具的实施效果进行环境政策的选择，或是在市场型环境规制工具中比较哪种规制工具的政策实施效果更好，并不能达到有效约束企业排污行为的目的。有学者认为，单一的政策工具不能推动企业实施绿色创新，只有将更严格的环保法规和政策激励相结合才能改善企业的环保绩效（Frondel and Horbach，2008）。政府在推动企业绿色技术创新时，单一环境规制工具如果不能实现企业治污效果最优时，政府可以基于各种规制工具的实施条件、实施成本和减排效率，同时结合考虑企业属性、行业特征、企业规模及其所处生命周期等现实情况，进行环境政策工具有效组合，以实现企业提高环境绩效和政府控制污染的"双赢"（李婉红等，2013）。

有学者研究发现，政府将减排补贴和碳税进行有效组合，可以缓解企业成本增加带来收益较快下降的压力，能有效激励企业进行节能减排的环保投资，原因在于政府碳税增加的收入可以用作企业减排补贴支出（Govinda and Stefan，2011）。樊星（2013）认为单一的能源政策总有不足之处，要么减排效果欠佳，要么严重制约经济发展，因此国家应该将减排政策系统化，同时采用碳税和碳排放权交易复合型政策，构造一个适应现实需要的低碳经济政策体系；赵黎明（2016）也认为与单一型政策相比，实施碳排放权交易和碳税并存的复合型碳减排政策体系能使企业享有更高的减排决策弹性。孟凡生和韩冰（2017）基于演化博弈理论和数值仿真方法分析了三种市场型环境规制工具组合的政策效果，他们研究发现，政府单独使用碳排放权交易或是减排补贴，起不到有效地激励企业减排技术创新的作用，但是，碳排放权交易机制和碳税的有效组合，或是减排补贴与碳税的有效组合，却能起到良好的减排激励效果，但最能有效激励企业进行低碳技术创新的政府环境工具组合，就是碳排放权交易、减排补贴和碳税的合理组合。

政府在运用环境规制工具时，并无固定的干预模式，也不会独立使用某一政策工具，每一种环境规制工具都有其独特的作用效果和发挥作用的空间（Stavins，2002）。在特定情况下，规制工具是否有效，与其本身的特点和当时的政治、经济、文化和社会环境紧密相关。因此，政府在选择环境规制工具时，应充分考虑企业在环境规制过程中所面临的机会和挑战，充分认识每一种规制工具的实施条件和实施成本，依据具体的情况选择最佳规制工具。

2.2.6　文献述评

目前关于碳排放与环境规制的研究不管是研究方法还是研究视角，都日趋丰富，得出了许多具有理论与政策意义的研究结论。但是，现有研究仍存在以下几点不足：

第一，关于经济增长与碳排放之间是否存在环境库兹涅茨曲线，该曲线的形状如何，研究结论不尽相同，目前有正"U"型、倒"U"型、"N"型、单调递增型以及不存在等结论。就二者之间的耦合关系来看，研究结论也各不相同。究其原因，主要是各地区经济发展水平和经济发展所处阶段存在较大差异，资源禀赋、技术水平和发展历史条件也不尽相同，因而造成环境库兹涅茨曲线形状和脱钩状态有所不同。关于我国西部地区经济增长与碳排放的关系如何，是否存在环境库兹涅茨曲线，脱钩状态如何，都是值得研究的问题。

第二，在碳排放相关影响因素研究中，经济增长无疑是最大的贡献者。众多学者运用 LMDI 分解方法与 Kaya 恒等式分解法，发现经济增长、人口规模、出口贸易、FDI、能源结构、能源强度与能源效率等因素都会影响碳排放，但这些因素却呈现出不同的影响方向和作用效果，而且，各因素对于碳排放的影响效应存在较大的地区差异。从地区异质性视角出发，研究西部地区工业碳排放的影响因素，找到不同地区主导工业碳排放的关键影响因素，对于有针对性地实施碳减排政策意义深远。

第三，现有研究证实了环境规制对碳减排存在影响，且在时间维度、行业属性和地区特征等方面表现出对碳减排的影响存在差异性，但由于样本选取、模型选择和研究方法各不相同，导致研究结论并不统一。我国地区经济发展不平衡现象严重，东部、中部、西部地区企业的经济基础条件和制度环境条件存在明显差异，且不同地区要素投入结构和资源禀赋也存在地缘优势差异，这决定了不同地区环境规制的应对机制应是有差别的、阶梯式的。在研究的过程中，忽略地域特征差异去研究环境规制对碳减排绩效的影响，很有可能在宏观政策层面得出错误结论，提出的政策建议也会缺乏地区针对性。

第四，现有研究虽已由单一环境规制工具效应转向环境规制工具组合效应的研究，但研究刚刚起步，如何组建合理优化的环境规制组合政策有待进一步深入研究。基于市场型环境规制工具组合的政策效果，无论是基于政府环境政策的环保目标，还是基于企业决策的经济目标，均是最优选择。然而，随着企业资源禀赋和要素投入的调整变化，环境规制工具组合与环境绩效之间的关系也会发生动态调整，且环境规制组合工具对环境绩效的影响也会因东中西部地区经济发展条件呈现差别性的表现。因此，构建企业与政府的演化博弈模型，探究环境规制工具组合对不同行业企业、不同规模企业和处于不同生命周期企业环境绩效的动态影响机制，利用数值仿真分析不同环境规制工具组合对企业行为的动态影响有待进一步深化研究。

第
3
章 西部地区工业碳排放地区差异研究

　　本章基于国内外研究机构和专家学者关于碳排放的测算方法，选用了国际上普遍认可的 IPCC 2006 年编制的《国家温室气体清单指南》中碳排放的测算方法，以《中国环境统计年鉴》《中国能源统计年鉴》《中国统计年鉴》和西部各地区统计年鉴的相关数据为基础，测算了 2000 ~ 2015 年中国西部各地区工业二氧化碳排放总量和碳排放强度等指标，基于上述测算数据，刻画了西部地区整体、各个省份、三大区域（高值低效区、中值中效区、低值高效区）的碳排放总量、碳排放强度和人均碳排放量的变化趋势，并对以上地区的工业碳排放总量、碳排放强度和人均碳排放量的地区差异性进行了具体分析。上述关于西部地区工业碳排放地区差异的测算和分析，能够为后文基于碳排放地区差异影响因素的分解和因地制宜地实施差别化的环境规制政策奠定数据基础和现实依据。

3.1　工业碳排放的测度

　　中国官方或权威机构并未公布二氧化碳排放量的计算标准和中国地方二氧化碳排放数据。国内外很多研究机构或学者对碳排放量的测算方法做了很多研究工作。国别碳排放研究相对较多，著名的研究机构有联合国政府间气候变化专门委员会（IPCC）、国际能源署（IEA）、美国能源部二氧化碳信息分析中心（CDIAC）等，我国国家气候变化对策协调小组办公室和国家发展改革委能源研究所等也进行了有益的探索。同时，也有不少学者估算了中国地区碳排放数据，如林伯强（2010）、潘家华和张丽锋（2011）、林伯强和黄光晓（2011）和克拉克等（Clarke et al.，2011）。

总的来说，碳排放的测算方法主要有以下几种：最著名也是应用最广泛的方法，即联合国政府间气候变化专门委员会（IPCC）2006年编制的《国家温室气体清单指南》提供的三种方法；此外，根据国际机构碳排放系数直接计算，如煤炭排放系数来自英国石油公司（BP），石油和液化天然气排放系数来自美国能源部二氧化碳信息分析中心（CDIAC）。

考虑估算的相对准确性和可操作性，本书借鉴吴国华（2010）的做法，建立以下模型估算工业能源消费碳排放量，其计算公式为：

$$CEEC = \sum_{i=1}^{n} EC_i \times CEF_i \tag{3.1}$$

其中，$CEEC$ 为能源消费碳排放量（吨碳，tC）；EC_i 为能源 i 的消费量（吨标准煤，tC）；CEF_i 为消费单位能源 i 的碳排放量，称为碳排放系数（吨碳/吨标准煤，tC/tce）；n 为产生碳排放的能源消费品种数。本书引用的化石能源碳排放系数如表 3 – 1 所示。

表 3 – 1　　　　　　　　各种化石能源的碳排放系数

能源种类	碳排放系数（tC/tce）	能源种类	碳排放系数（tC/tce）
原煤	0.7561	煤油	0.5744
洗精煤	0.7561	柴油	0.5920
焦炭	0.8558	燃料油	0.6184
其他焦化产品	0.6448	液化石油气	0.5041
焦炉煤气	0.3546	炼厂干气	0.4601
其他煤气	0.3546	其他石油制品	0.5862
原油	0.5862	天然气	0.4484
汽油	0.5539	电力	0.6200

资料来源：IPCC. 2006 IPCC guidelines for national greenhouse gas inventories：volume Ⅱ.

3.2 西部地区工业碳排放地区差异分析

西部地区是我国资源富集区，矿产、土地、水、旅游等资源十分丰富，而且开发潜力很大，这是西部地区形成特色经济和优势产业的重要基础和有利条件。西部地区各省份碳排放总量、碳排放强度和人均碳排放量的地区分布有何特点？随着西部地区经济发展程度的加深，这种碳排放分布的差异性又呈现出怎样的变化趋势？

对西部地区工业碳排放地区差异进行分析，不能只关注碳排放总量的绝对数比较或者是静态的点对点分析，还需要对西部地区工业碳排放地区差异性分布的整体动态发展变化趋势进行全局把握，这样才能有针对性地制定西部地区动态减排方案，进而实现西部地区减排的整体目标。

3.2.1 西部地区工业碳排放时序演变规律分析

基于式（3.1），本书测算了 2000~2015 年我国西部地区工业碳排放总量、工业碳排放强度和人均碳排放量，根据表 3－1 中各种能源的碳排放系数，可以将不同能源消耗对应转换成统计口径相一致的能源消费碳排放量。碳排放系数来自 IPCC 碳排放计算指南《2006 年 IPCC 国家温室气体清单指南》，其他数据来源于《中国能源统计年鉴》《中国统计年鉴》与各地区统计年鉴。为了保证数据的平稳性，以 2000 年为基期进行了调整，具体结果如表 3－2 所示。从表 3－2 可以看出，2015 年我国西部地区工业碳排放总量为 245094.70 万吨，较 2000 年的 63984.48 万吨增加了约 2.8 倍，年均递增约 9.5%；西部地区 2015 年的碳排放强度为 23.62 万吨/亿元，较 2000 年的 49.83 万吨/亿元下降了约 52.6%；2015 年的西部地区人均碳排放量为 101.45 万吨/人，较 2000 年的 25.55 万吨/人增加了近 3 倍。可见，2000~2015 年我国西部地区碳排放总量及人均碳排放量处于上升态势，而碳排放强度则处于下降态势。

表 3 - 2 2000 ~ 2015 年西部地区工业碳排放量

年份	工业碳排放总量 （万吨）	工业总碳排放强度 （万吨/亿元）	工业人均碳排放 （万吨/人）
2000	63984.48	49.83	25.55
2001	66689.93	50.03	28.37
2002	73221.85	51.14	32.01
2003	88134.71	53.15	37.99
2004	102761.01	48.88	41.74
2005	115231.26	46.72	47.27
2006	131373.53	44.44	53.15
2007	144480.09	39.88	58.39
2008	157454.69	34.32	63.60
2009	172041.65	33.92	68.47
2010	190574.62	30.71	76.27
2011	220391.89	29.48	90.91
2012	237318.40	28.42	98.68
2013	241477.76	26.38	101.22
2014	249890.04	24.82	103.28
2015	245094.70	23.62	101.45

为了更为直观地观察西部地区工业碳排放的深化趋势，根据表 3 - 2 中数据，本书作图演绎了 2000 ~ 2015 年西部地区碳排放总量、碳排放强度与增速和人均碳排放与增速的演变趋势，如图 3 - 1、图 3 - 2、图 3 - 3 所示。

图 3 - 1 描述了我国西部地区 2000 ~ 2015 年工业碳排放总量演变趋势。从整体来看，呈现较为明显的上升趋势，具体可以分为三个阶段：2000 ~ 2007 年为第一阶段，工业碳排放总量处于缓慢增长阶段，总量基本处于 150000 万吨以下，此阶段西部地区工业碳排放总量由 2000 年的 63984.48 万吨增加至 2007 年的 144480.09 万吨，增加了 80495.61 万吨，年均递增 11499.37 万吨。2008 ~ 2013 年为第二阶段，工业碳排放总量持续快速增加，

2008 年之后，碳排放总量均高于 150000 万吨，而 2011～2013 年，碳排放总量一直处于 200000 万吨以上。由 2008 年的 157454.69 万吨增加到 2013 年的 241477.76 万吨，相较于第一阶段，有较快的增长速度。第三阶段为 2014～2015 年，2015 年西部地区工业碳排放总量首次出现下降趋势，较 2014 年工业碳排放总量下降 4795.34 万吨，可以看出近年的减排措施起到了应有的效果，但减排压力依然存在，向低碳模式转变刻不容缓。

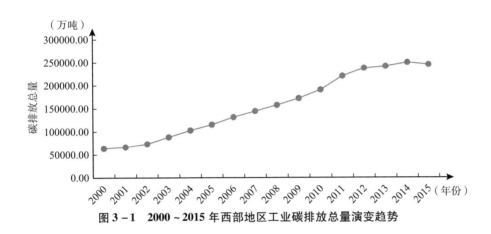

图 3 - 1　2000～2015 年西部地区工业碳排放总量演变趋势

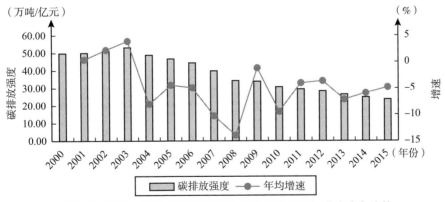

图 3 - 2　2000～2015 年西部地区工业碳排放强度与增速演变趋势

图 3 - 2 描述了我国西部地区 2000～2015 年工业碳排放强度与增速的演变趋势。可以看出，除 2001～2003 年略有增长之外，西部地区工业碳排放强度基本呈下降趋势，由 2000 年的 49.83 万吨/亿元降至 2015 年的 23.62

万吨/亿元，年均递减 4.74%。分阶段来看，2003 年西部地区工业碳排放强度较 2000 年略有增长，由 49.83 万吨/亿元增至 53.15 万吨/亿元，增幅约为 6.66%；2004 年以后，西部地区工业碳排放强度一路下降，一直下降到 2015 年的 23.62 万吨/亿元。不同时期碳排放强度变动幅度也存在差异。其中，2008 年降幅最大，碳排放强度较 2007 年减少了 13.94%；2007 年降幅位于第二位，较 2006 年下降了约 10%。从演变特征来看，总体呈现"波动起伏—平稳下降"的循环变化轨迹。2001～2004 年和 2008～2010 年为两个波动阶段，西部地区工业碳排放强度减速均经历了较大变动，"V"型特征较为明显；2005～2006 年和 2011～2015 年为两个平稳阶段，除 2013 年比 2012 年降幅波动性相对较大之外，其余不同年份减速差异不大。

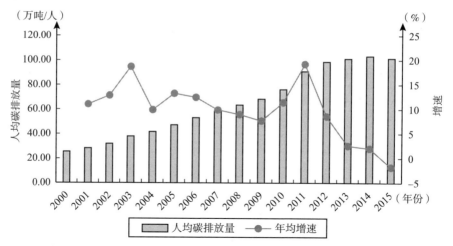

图 3-3　2000～2015 年西部地区工业人均碳排放量与增速演变趋势

图 3-3 描述了我国西部地区 2000～2015 年人均工业碳排放量与增速的演变规律。可以发现，自 2000 年以来，西部地区人均碳排放量基本呈现上升趋势，由 25.55 万吨/人升至 101.45 万吨/人，16 年间增加了 75.90 万吨/人，年均递增 9.77%。分阶段来看，不同时期人均碳排放上升幅度也存在差异。其中，2011 年增幅最大，人均碳排放较 2010 年上升了 19.19%；2003 年增幅位列第二位，增幅为 18%。从人均碳排放增速演变特征来看，2000～2011 年为波动上升期，此阶段人均碳放量增长速度虽然呈现出较大

的波动，但整体呈现上升趋势，年均增长速度为 12.28%；2012～2015 年为波动下降期，此阶段人均碳排放增速处于下降态势，年均增速仅为 2.85%，较第一阶段波动上升期人均碳排放增长速度下降了 9.4% 左右。从图 3-3 中也可以看到，2001～2004 年和 2009～2015 年是较为波动阶段，2001～2004 年工业人均碳排放从 28.37 万吨/人增加到 41.74 万吨/人，2001～2003 年保持增长态势，但 2004 年增速首次出现下降；2009～2015 年出现了样本考察期内较大程度的倒"V"型变化，2011 年增速达到 19.19%，成为样本考察期内人均碳排放增速最高点，较 2010 年增加了近 8%，是此阶段上升速度最快的年份。

3.2.2　西部地区工业碳排放总量地区差异分析

本书测算了 2000～2015 年我国西部地区 11 个省份的工业碳排放总量（基于数据的可得性，不含西藏自治区，后文同），如表 3-3 所示。为了更加直观，本书根据表 3-3 的数据绘制了图 3-4 和图 3-5。

根据表 3-3 和图 3-4 可以发现，2000～2015 年我国西部地区各省份的工业碳排放总量都有较大幅度的增长。2000 年青海的工业碳排放总量最少，仅为 1121.99 万吨，新疆的工业碳排放总量最大，为 9183.10 万吨，是青海的 8 倍多。其中，2000 年工业碳排放总量超过 5000 万吨的省份还有内蒙古、重庆、四川、贵州、陕西、甘肃等。除以上省份以外，西部地区其他省份的工业碳排放总量则在 5000 万吨以下。到 2015 年底，西部地区工业碳排放总量最少的仍为青海，排放总量为 4090.96 万吨，相比 2000 年增长了约 2.65 倍；其次是云南，排放总量为 11055.76 万吨，2015 年比 2000 年增长了约 1.47 倍。2015 年，工业碳排放总量最多的是内蒙古，排放总量为 54265.36 万吨，超过了 2000 年排放总量最大的新疆，内蒙古工业碳排放总量相较于 2000 年增长了近 5.11 倍；碳排放总量位居第二位的是新疆，工业排放总量为 39610.64 万吨；第三位为陕西，工业排放总量达 37504.55 万吨。

表 3 - 3　　2000～2015 年西部地区各省份工业碳排放总量

单位：万吨

地区	2000 年	2001 年	2002 年	2003 年	2004 年	2005 年	2006 年	2007 年	2008 年	2009 年	2010 年	2011 年	2012 年	2013 年	2014 年	2015 年
内蒙古	8880.88	9417.70	10233.58	13344.09	16764.02	20385.13	23846.16	27516.37	33066.34	36021.88	39995.31	50594.13	53097.22	52279.30	54495.32	54265.36
广西	3410.64	3410.03	3314.81	4016.23	5106.85	5723.74	6435.05	7435.56	7204.71	8077.63	10532.94	14648.13	16784.10	16161.98	15910.89	15025.30
重庆	5114.11	4628.80	5098.25	4566.09	4977.21	5744.77	6441.26	7014.03	8848.21	9586.51	10655.51	11928.27	11576.14	10264.45	10978.46	11090.65
四川	8727.68	8630.78	9984.12	12725.61	14388.30	14200.13	15874.82	17629.04	19535.69	22193.69	22870.18	22263.22	22717.90	22111.65	24157.71	22394.58
贵州	7429.75	7159.45	7501.52	9748.99	11412.50	12352.65	14153.25	15133.38	13855.62	15503.02	15495.68	17172.45	18939.02	19485.75	18798.21	18476.14
云南	4481.53	4546.07	4896.38	6688.79	8185.72	9595.87	10704.69	10901.18	11311.01	12656.10	13284.22	13743.75	14008.82	13913.69	12361.84	11055.76
陕西	6377.18	7439.40	8356.42	9924.22	12640.93	14514.13	17779.22	19375.34	21832.81	23030.79	27344.04	29767.99	34085.64	36125.49	37912.67	37504.55
甘肃	7379.82	7516.49	8121.49	9210.28	10210.75	10951.26	11725.62	12933.59	13057.92	12985.45	14143.43	16510.65	16597.65	16797.12	16628.57	16335.59
青海	1121.99	1361.35	1474.77	1684.44	1844.19	2043.72	2412.59	2562.31	2999.14	2918.60	3040.72	3741.04	4422.55	4769.81	4367.41	4090.96
宁夏	1877.81	3004.76	4209.93	5350.68	4785.61	5503.85	5913.44	6776.35	7167.09	7886.89	9345.48	12142.97	13806.62	14626.34	14870.43	15245.18
新疆	9183.10	9575.10	10030.58	10875.29	12444.92	14216.00	16087.42	17202.95	18576.14	21181.08	23867.12	27879.30	31282.73	34942.18	39408.56	39610.64

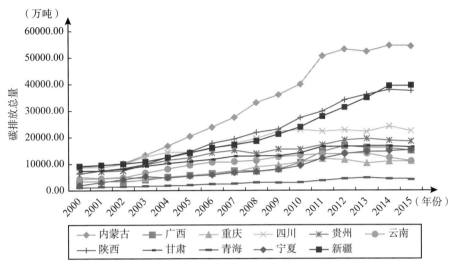

（万吨）

图 3 - 4　2000 ~ 2015 年西部地区各省份工业碳排放总量演变趋势

2000 ~ 2015 年间西部地区各省份工业碳排放总量的年均增长速度也存在较大差异性，具体如图 3 - 5 所示。宁夏、内蒙古、陕西碳排放总量的增长幅度比较大，相比较于 2000 年，2015 年工业碳排放总量分别增长了 5. 11 倍、4. 88 倍和 7. 12 倍，特别是宁夏，虽然 2000 年工业碳排放总量基数较小，但是增长速度较快，具有 7. 12% 的年平均增长率，是西部地区所有省份中工业碳排放总量增长速度最快的，如果不采取有效的减排措施，势必会超过其他省份。广西、青海、新疆的工业碳排放总量的年均增速处于第二梯队，2015 年相较于 2000 年工业碳排放总量增长了 3 ~ 4 倍，年均增速在 3% ~4% 之间，具有较大的减排压力；工业碳排放增速较缓的省份主要有重庆、四川、贵州、云南、甘肃，2015 年的工业碳排放总量比 2000 年增长了 1 倍左右，年均增速大约 2% ，其中重庆和甘肃碳排放总量和年均增速都相对较小，减排压力较小。

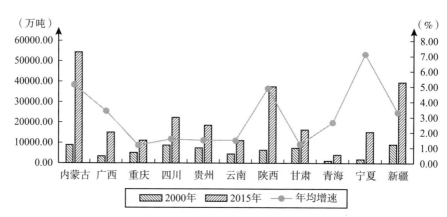

图 3 - 5 2000 年和 2015 年西部各省份工业碳排放总量和增速

3.2.3 西部地区工业碳排放强度地区差异分析

本书在测算了西部地区各省份碳排放总量的基础上，进一步结合西部地区各省份经济发展相关数据，测算了 2000～2015 年我国西部地区 11 个省份（不含西藏）的工业碳排放强度，如表 3 - 4 所示。

为了更加直观地展示 2000～2015 年西部地区各省份工业碳排放强度变化，根据表 3 - 4 的数据绘制了图 3 - 6 和图 3 - 7。

从表 3 - 4 和图 3 - 6 可以看出以下几点：第一，2000～2015 年，西部地区工业碳排放强度虽然有一定的波动，但整体呈下降趋势；第二，11 个省份中，碳排放强度最大的是宁夏。除 2000 年之外，其他年份宁夏的碳排放强度均高于其他省份，2003 年其排放强度达到 12.01 万吨/亿元；11 个省份中碳排放强度最小的为广西和四川，其中广西在 2000～2010 年碳排放强度最小，但 2011～2015 年，广西的碳排放强度略有上升，四川碳排放强度却大幅下降，因此四川成为此阶段碳排放强度最小的省份。

表 3 - 4　2000～2015 年西部地区各省份工业碳排放强度

单位：万吨/亿元

地区	2000年	2001年	2002年	2003年	2004年	2005年	2006年	2007年	2008年	2009年	2010年	2011年	2012年	2013年	2014年	2015年
内蒙古	5.77	5.50	5.27	5.59	5.51	5.22	4.82	4.28	3.89	3.70	3.43	3.52	3.34	3.09	3.07	3.04
广西	1.64	1.50	1.31	1.42	1.49	1.44	1.36	1.28	1.03	1.04	1.10	1.25	1.29	1.12	1.02	0.89
重庆	2.86	2.34	2.28	1.79	1.64	1.66	1.65	1.50	1.53	1.47	1.34	1.19	1.01	0.80	0.77	0.71
四川	2.22	2.01	2.11	2.39	2.26	1.92	1.83	1.67	1.55	1.57	1.33	1.06	0.95	0.84	0.85	0.75
贵州	7.21	6.32	6.03	6.83	6.80	6.16	6.05	5.25	3.89	3.96	3.37	3.01	2.76	2.41	2.03	1.76
云南	2.23	2.13	2.12	2.62	2.66	2.77	2.68	2.28	1.99	2.05	1.84	1.55	1.36	1.18	0.96	0.81
陕西	3.54	3.70	3.71	3.84	3.98	3.69	3.75	3.37	2.98	2.82	2.70	2.38	2.36	2.23	2.14	2.08
甘肃	7.01	6.68	6.59	6.58	6.05	5.66	5.15	4.78	4.12	3.83	3.43	3.29	2.94	2.65	2.43	2.41
青海	4.26	4.54	4.33	4.32	3.96	3.76	3.72	3.21	2.94	2.70	2.25	2.24	2.34	2.25	1.90	1.69
宁夏	6.37	8.90	11.16	12.01	8.91	8.98	8.15	7.37	5.95	5.83	5.53	5.78	5.90	5.67	5.40	5.24
新疆	6.73	6.42	6.22	5.77	5.63	5.46	5.28	4.88	4.44	4.95	4.39	4.22	4.17	4.14	4.25	4.25

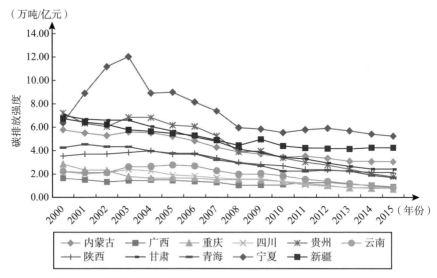

图 3 - 6　2000 ~ 2015 年西部地区各省份工业碳排放强度演化趋势

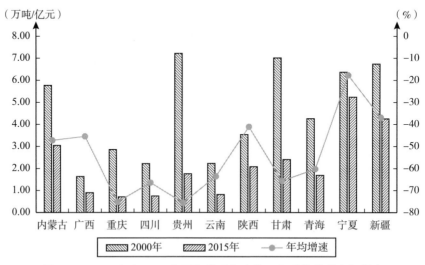

图 3 - 7　2000 年和 2015 年西部地区各省份工业碳排放强度与增速

图 3 - 7 显示了西部地区各省份 2000 年和 2015 年工业碳排放强度及年均增速。从图 3 - 7 可以看出，2000 年碳排放强度较高的省份主要包括贵州、甘肃、新疆、内蒙古和宁夏，碳排放强度较低的省份包括广西、云南、四川。2015 年碳排放强度较高的省份主要包括宁夏、新疆、内蒙古，碳排放强度较低的省份包括广西、云南、重庆、四川。从碳排放强度年均增速可以看出，重庆、四川、云南、甘肃、青海等碳排放强度下降速度较快，年均降幅 6% ~ 8%，说明随着西部地区技术进步，这些省份的碳生产率均有较大幅度的提高。内蒙古、陕西、新疆碳排放强度下降速度相对较慢，年均降幅 4% ~ 5%，特别是宁夏，其碳排放强度的下降速度仅为年均 1.7%。

3.2.4　西部地区工业人均碳排放地区差异分析

在分析了西部地区各省份碳排放总量和碳排放强度的基础上，进一步结合西部各地区经济发展情况以及人口规模进行西部各地区人均碳排放量差异性分析。表 3 - 5 为 2000 ~ 2015 年西部地区 11 个省份人均碳排放数据。

为了更直观地反映西部地区不同省份人均工业碳排放量的差异，本书基于表 3 - 5 的数据绘制了图 3 - 8 和图 3 - 9。

从图 3 - 8 可以看出，第一，总体来看我国西部地区人均碳排放量呈现明显的增长趋势，但从 2012 年开始，人均碳排放量的增长速度放缓，2015 年相比于 2014 年而言，甚至出现了下降趋势；第二，2013 年之后，内蒙古和宁夏交替成为西部地区人均工业碳排放量最高省份，而新疆却一直以平稳的增速位于人均工业碳排放量第三位；第三，广西和云南是人均工业碳排放量最小的省份，其中，2000 ~ 2010 年，广西的人均工业碳排放量最小，但 2011 ~ 2015 年，云南的人均工业碳排放量最小。第四，除内蒙古和宁夏的人均工业碳排放量变化幅度较大之外，其他省份，如广西、云南、重庆、四川、甘肃、陕西和青海，人均工业碳排放量变化幅度相对较小，以较为平稳的速度缓慢增长。

表 3 - 5　2000～2015 年西部地区各省份人均工业碳排放量

单位：万吨/人

地区	2000 年	2001 年	2002 年	2003 年	2004 年	2005 年	2006 年	2007 年	2008 年	2009 年	2010 年	2011 年	2012 年	2013 年	2014 年	2015 年
内蒙古	3.74	3.96	4.29	5.59	7.01	8.48	9.87	11.33	13.53	14.65	16.18	20.38	21.32	20.93	21.75	21.61
广西	0.72	0.71	0.69	0.83	1.04	1.23	1.36	1.56	1.50	1.66	2.28	3.15	3.58	3.42	3.35	3.13
重庆	1.80	1.64	1.81	1.63	1.78	2.05	2.29	2.49	3.12	3.35	3.69	4.09	3.93	3.46	3.67	3.68
四川	1.05	1.06	1.23	1.56	1.78	1.73	1.94	2.17	2.40	2.71	2.84	2.77	2.81	2.73	2.97	2.73
贵州	1.98	1.88	1.96	2.52	2.92	3.31	3.84	4.17	3.85	4.38	4.45	4.95	5.44	5.56	5.36	5.23
云南	1.06	1.06	1.13	1.53	1.85	2.16	2.39	2.41	2.49	2.77	2.89	2.97	3.01	2.97	2.62	2.33
陕西	1.75	2.04	2.28	2.70	3.43	3.93	4.81	5.23	5.87	6.18	7.32	7.95	9.08	9.60	10.04	9.89
甘肃	2.93	2.98	3.21	3.63	4.02	4.30	4.60	5.08	5.12	5.08	5.52	6.44	6.44	6.51	6.42	6.28
青海	2.17	2.60	2.79	3.15	3.42	3.76	4.40	4.64	5.41	5.24	5.40	6.59	7.72	8.25	7.49	6.96
宁夏	3.39	5.34	7.36	9.23	8.14	9.23	9.79	11.11	11.60	12.62	14.76	19.00	21.34	22.36	22.46	22.82
新疆	4.97	5.10	5.27	5.62	6.34	7.07	7.85	8.21	8.72	9.81	10.92	12.62	14.01	15.43	17.15	16.78

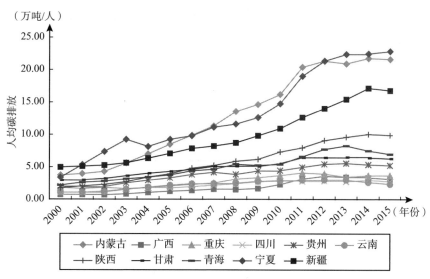

图 3 − 8　西部地区人均工业碳排放量演化趋势

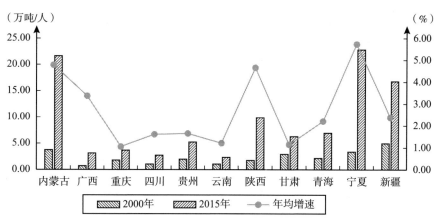

图 3 − 9　2000 年和 2015 年西部地区各省份人均工业碳排放量与增速

从图 3 - 9 可知，2000 年西部地区人均碳排放量较高的省份依次为新疆、内蒙古、宁夏、甘肃，而 2015 年人均碳排放量较高的省份依次为宁夏、内蒙古、新疆、陕西。2000 年，西部地区人均工业碳排放量较低的省份主要包括广西、四川、云南等，而 2015 年人均工业碳排放量较低的省份主要包括重庆、广西、四川、云南等。从各省份人均工业碳排放量增长速度看，人均工业碳排放量增长速度较快的省份主要包括宁夏、内蒙古、陕西等，其中宁夏的增长速度高达 5.73%；增长速度较慢的省份主要包括广西、四川、贵州、青海、新疆等，而重庆、云南、甘肃等省份人均碳排放量及其增长率均比较低，因此这些省份的减排压力相对较小。

3.3 西部地区工业碳排放聚类分析

从上面的分析可见，2000～2015 年西部地区各省份工业碳排放表现出较大地区差异性的同时，也呈现出一定的碳排放空间相关和空间收敛性特征，而且，我国现有经济的梯度发展模式强化了碳排放的空间集聚效应，导致西部地区工业碳排放呈现出一定的"俱乐部收敛"特征。详细考察西部地区区域碳排放效率的空间分布格局与空间集聚问题，并据此建立碳排放权交易市场或碳税等区域碳排放平衡机制，才能更加公平有效地实现西部地区碳减排目标，才能更好地促进中国区域社会经济的平衡发展。

3.3.1 基于 K – Means Cluster 的地区聚类划分

为了进一步深入了解西部地区碳排放效率的空间分布问题，并为后面基于地区碳排放差异的环境规制优化提供相应的数据依据，本章运用 K – Means Cluster 聚类分析法对西部地区区域碳排放的空间分布格局与空间相关性问题进行了详细考察。

K – Means Cluster 聚类分析是目前应用最为普遍也是最为简便的聚类分析方法。K – Means Cluster 聚类分析基本原理是，假定给出的样本是 $\{x^1, \cdots, x^n\}$，每个 $x^i \in R^n$，随机选取 k 个聚类质心点，$\mu_1, \mu_2, \cdots, \mu_k \in R^n$，

K – means 要做的就是最小化。

$$J = \sum_{n-1}^{N} \sum_{k-1}^{K} \Gamma nk \|x_n - \mu_k\|^2 \qquad (3.2)$$

其中，当 Γnk 属于 cluster k 范围内时取值为 1，处于范围之外则取值为 0。一般情况下，通过直观的方法来找出最优的 x_n 和 μ_k 以实现整个函数取值最小化是非常困难的，通常采用多次迭代的方法来求出。具体步骤是，先假定 μ_k 是不变的，很容易找出最优的 μ_k，只要使数据点归类到离它最近的那个中心点以确保整个函数达到最小。接下来选择 Γnk 是不变的，再寻找出最优的 μ_k。最后将 μ_k 求导并且假定整个导数取值为零，就得到最小的函数值 J，而 μ_k 则要满足：

$$\mu_k = \frac{\sum\limits_{n} \Gamma nk x_n}{\sum\limits_{n} \Gamma nk} \qquad (3.3)$$

此时 μ_k 为最优的取值，即所有 cluster k 中的数据点的平均值。由于每一次迭代都是取到 J 的最小值，因此整个 J 只会不断地减小（或者不变），而不会增加，这就保证了 K – means 最终会达到一个极小值。在得出最小值的基础上，通过不断地聚类合并，最终会按照初始聚类标准得出想要的聚类分组。

借助于 Stata13.0 软件，对西部地区 11 个省份的碳排放强度和碳排放总量的历年平均值分别进行 K – Means Cluster 聚类分析，将全部数据分为碳排放高效区、碳排放中效区和碳排放低效区以及碳排放量高值区、碳排放量中值区和碳排放量低值区，聚类结果如表 3 – 6 所示。

首先，依据西部地区各省份碳排放效率的高低进行聚类分析。从聚类的结果看，重庆和云南的碳排放效率属于碳排放高效区，四川、广西、陕西、甘肃属于碳排放中效区，其碳排放效率有待改善；而内蒙古、贵州、宁夏、青海、新疆则属于碳排放低效区，其效率损失度较大，也是国家重点推行节能减排的主要地区。

其次，依据西部地区各省份碳排放总量的高低，对西部地区碳排放总量的平均值进行了聚类。由表 3 – 6 可以看出，区域碳排放效率和碳排放量的空间分布格局并非呈现完全的对应关系。相比较而言，11 个省份碳排放量的聚类偏态性更为强烈，特别是属于碳排放量低值区的重庆、云南和青海，约占所有被考察省份的27%；广西、四川、贵州、甘肃和宁夏属于碳排放量中值区，约占所有被考察省份的45%；内蒙古、新疆、陕西属于碳排放量高值区。

表3-6　　　　　　西部地区碳排放效率与碳排放量平均值的聚类分析

效率聚类	省份	总量聚类	省份
碳排放高效区	重庆、云南	碳排放量低值区	重庆、云南、青海
碳排放中效区	甘肃、广西、四川、陕西	碳排放量中值区	广西、四川、贵州、甘肃、宁夏
碳排放低效区	内蒙古、贵州、宁夏、青海、新疆	碳排放量高值区	内蒙古、新疆、陕西

因此，将重庆和云南界定为碳排放低值高效区。云南以农业生产为主，其工业化水平相对较为落后，加之该省的森林覆盖率居于全国前列，因而其区域碳排放量相对较低；同样，重庆的碳排放强度一直表现较低，作为西部地区唯一的直辖市，经济比较发达，并且比较注重开展环境保护工作。相比较而言，内蒙古、新疆和陕西碳排放总量一直居高不下，碳排放强度位于西部地区前列，所以，将其界定为碳排放高值低效区。甘肃、广西、青海、四川、宁夏和贵州则界定为碳排放中值中效区。具体划分如表3-7所示。

表3-7　　　　　　　　碳排放总量和效率的聚类地区划分

类别	省份
碳排放低值高效区	重庆、云南
碳排放中值中效区	广西、四川、贵州、甘肃、宁夏、青海
碳排放高值低效区	内蒙古、新疆、陕西

通过这两种不同聚类的比较，可以反映出同一地区不同考察对象的空间分布状态。重庆、云南属于碳排放量低值区，但是其碳排放效率却属于高效区；内蒙古、新疆和陕西却正好相反，其碳排放量属于高值区，但是其效率

却属于低效区，这充分表明了低碳排放量的省份可能属于高效率的省份，而碳排放量较高的地区往往碳排放效率较低。但是也有例外，例如青海，虽然属于碳排放量低值区，但却也归属于碳排放低效区，再比如宁夏，虽然属于碳排放量中值区，却也属于碳排放低效区，这充分表明了低碳排放量的省份并不一定属于高效率的省份，而碳排放量较高的地区也有可能属于碳排放效率较高的地区。

3.3.2　西部地区三大区域碳排放总量分析

将西部地区划分为碳排放的低值高效区、中值中效区和高值低效区之后，对这三大区域的碳排放总量、碳排放强度和人均碳排放量差异进行进一步分析。图3-10为2000~2015年西部地区三大区域工业碳排放总量变化趋势。

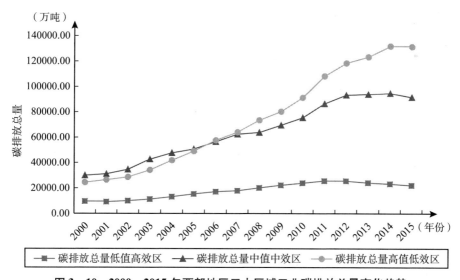

图3-10　2000~2015年西部地区三大区域工业碳排放总量变化趋势

由图3-10可知，2000~2015年西部地区低值高效区的工业碳排放总量一直是三大区域中碳排放总量最少的，也是变化最为平缓的，增幅不超过16500万吨，并且在2011年之后呈现显著的下降趋势；中值中效区与高值

低效区的碳排放总量前期一直处于上升态势,在 2014 年出现拐点之后呈略微的下降趋势。2005 年之前,高值低效区的碳排放总量变化趋势一直处于中值中效区下方,中值中效区的工业碳排放总量居于三大区域中最高位,累计增幅为 26567.09 万吨;自 2006 年之后,高值低效区的工业碳排放总量急剧上升,超越中值中效区成为西部地区三大区域中工业碳排放总量最高的区域。相比 2000 年,2015 年高值低效区碳排放总量增长了将近 4.4 倍,中值中效区的工业碳排放总量增长了近 2.1 倍。

2001 ~ 2015 年西部地区三大区域工业碳排放总量增速也存在较大差异,如图 3 – 11 所示。

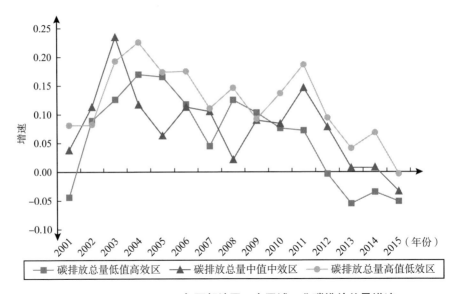

图 3 – 11   2001 ~ 2015 年西部地区三大区域工业碳排放总量增速

2001 ~ 2012 年低值高效区碳排放总量由负增长变为正增长,增长幅度变化较为剧烈,因此,这期间面临较大的减排压力;2012 年之后,该区域年均增速都在 − 0.03 以下,说明 2012 ~ 2015 年低值高效区的减排压力得到缓解,减排措施的实行较为有效。中值中效区在 2001 ~ 2014 年保持着正向的增长,并且每年波动较大,在 2003 年达到样本期间的最高速度,具有 23% 的年增长率,这说明在此期间,该区域碳排放总量增长过快,减排压力较大,相较于低值高效,减排措施效果并不明显;此外,中值中效区在

2015 年首次实现了工业碳排放总量的负增长，说明近年来该区域重视碳排放所造成的环境污染问题，并且可能加大了治理力度，采取了有效的减排措施，缓解了该区域的减排压力。反观高值低效区，2004～2014 年碳排放总量的增速均超过中值中效区，成为西部地区三大区域中增速最高的区域，这说明高值低效区相较其他两区减排压力非常大。2011 年之后，高值低效区碳排放总量的增速总体呈现下降的趋势，除 2014 年有较小幅度的提高外，总体上来看此阶段该区域的减排措施还是很有效的。但是，由于高值低效区碳排放总量的基数过大，导致该区域减排形势依旧不容乐观，如果不进一步采取高效率的减排措施，那么该区域可能达不到减排的目标。

进一步分析可知，西部地区三大区域工业碳排放总量增长态势可明显分为三个阶段：2001～2004 年为快速增长阶段，2005～2011 年为较大波动阶段，2012～2015 年为缓慢增长及负增长阶段。

3.3.3　西部地区三大区域碳排放强度分析

图 3 - 12 为西部地区三大区域碳排放强度的整体变化趋势。从图 3 - 12 可以看出，三大区域碳排放强度整体呈下降趋势，这说明每单位国内生产总值所带来的二氧化碳排放量在下降。由于三大区域初始碳排放强度值不同，各自的减排能力与减排措施不同，进而低碳发展程度也各不相同。具体来看，三大区域中低值高效区的碳排放强度在整个考察期间始终居于最低位，相比 2000 年，2015 年其碳排放强度每一亿元减小了 1.77 万吨，足以说明该区域的减排措施达到了一定的效果。中值中效的碳排放强度在 2000～2015 年虽然也呈下降趋势，但是相较于低值高效区，其碳排放强度都在 1.3 万吨/亿元以上，减排压力虽然逐年呈递减趋势，但工业碳减排还有较大的努力空间。2000～2015 年高值低效区的碳排放强度最高，但也呈现逐年下降的趋势，相较于 2000 年，该区域 2015 年的碳排放强度减少了 2.28 万吨/亿元；2000 年，该区域碳排放强度是中值中效区的 1.5 倍，是低值高效区的 2.06 倍，但是到 2015 年，该区域碳排放强度是中值中效区的 2.21 倍，是低值高效区的 3.85 倍，足以说明高值低效区减排成果并不尽如人意，碳排放情况依然不容乐观，减排措施并没有带来较为积极的减排效果。

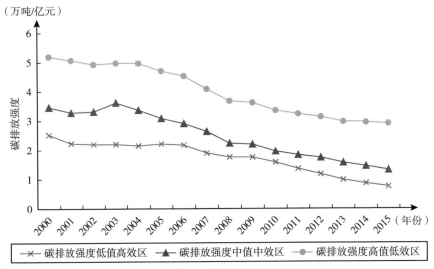

图 3 - 12　2000 ~ 2015 年西部地区三大区域工业碳排放强度变化趋势

由图 3 - 13 可以看出，在样本期间内，三大区域的工业碳排放强度增速波动较大，大多呈现负增长。具体来看，低值高效区碳排放强度增速的平均值为 - 7.53%，2001 ~ 2015 年该区域碳排放强度大多为负增长，该区域的减排措施达到了一定的效果，减排压力正在逐年递减。2002 年和 2003 年中值中效区工业碳排放强度的增速分别为 0.96% 和 9.13%，且 2003 年达到了样本期间内最高的碳排放强度增速。除 2002 ~ 2003 年中值中效区工业碳排放强度为正增长之外，其他年份都是负增长，从而可以看出该区域的减排措施也起到了一定的减排效果。究其原因可能是因为该区域减排技术在 2004 ~ 2015 年取得了较大的进步，因此从 2004 年开始碳排放强度一直处于负增长中。高值低效区的碳排放强度除 2003 年为正增长之外，其余年份一直处于负增长，年均增速为 - 3.74%，而中值中效区年均增速为 - 6.08%，低值高效区年均增速为 - 7.53%，对比后发现，高值低效区的减排进程是三大区域中最缓慢的，该区域的减排技术并未有效地提高能源利用效率，该区域的减排政策效果也有待进一步优化。

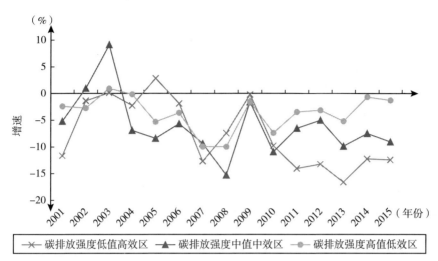

图3-13　2001~2015年西部地区三大区域工业碳排放强度增速

3.3.4　西部地区三大区域人均碳排放量分析

图3-14为2000~2015年西部地区三大区域人均工业碳排放变化趋势。

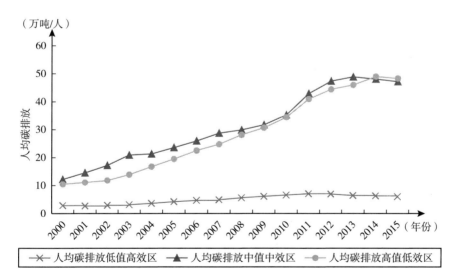

图3-14　2000~2015年西部地区三大区域人均工业碳排放变化趋势

由图3-14可知，三大区域的人均碳排放量在样本期间内是有显著差异的。低值高效区的人均碳排放量一直处于三大区域中最低段，并且保持着较为平稳的变化趋势，人均碳排放量年均值仅为 5.01 万吨/人。截止到 2009年，中值中效区人均碳排放量处于缓慢增长阶段，2010～2012 年为快速增长阶段，而 2012 年之后处于下降阶段，由此可见，该区域在考察阶段的后几年才出现较为明显的减排效果，但人均碳排放量的年均值高达 30.98 万吨/人，大约是低值高效区的 6 倍。因此，中值中效区的碳减排压力还是较大的，仍需要采取更强有力的减排措施才能实现低碳排放的目标。对于高值低效区而言，除 2015 年略微有所下降，2000～2014 年人均工业碳排放量均表现为较快的上升趋势。2014 年，该区域的人均工业碳排放量达到了 48.95万吨/人，是低值高效区的 7.78 倍，说明该区域低碳发展目标任重道远，减排措施并未起到积极的作用，减排压力比较大。

西部地区三大区域 2001～2015 年人均工业碳排放量增速情况如图 3－15所示。总体来看，2002～2011 年三大区域的工业人均碳排放增速都在 1.9%以上，工业人均碳排放增速波动程度都比较高。从 2010 年起低值高效区的人均工业碳排放是三大区域中增速最慢的区域，并且在 2012 年之后都保持负向增长，这再一次说明近几年低值高效区的减排压力较小，技术进步和环

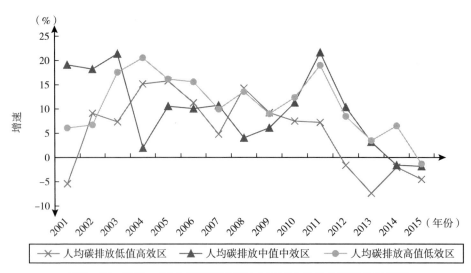

图 3－15　2001～2015 年西部地区三大区域人均工业碳排放量增速

境规制等因素导致该区域的减排措施起到了明显的效果。中值中效区是三大区域中人均工业碳排放量增速波动最大的区域，在 2011 年达到了样本期间内的最高增长速度 21.62%，但 2012 年之后人均工业碳排放量的增长速度减缓，并且在 2014~2015 年呈负增长状态，这说明近些年工业碳减排效果较为可观。然而，高值低效区的人均碳排放增速波动程度虽不如中值中效区，但正向增长的速度使得该区域的人均碳排放依然处于较高的水平，这也再次说明该区域的减排压力是三大区域中最大的，该区域的节能手段与减排措施都尚未实现预期的减排效果。

3.4　本章小结

本章选用了国际上普遍认可的联合国政府间气候变化专门委员会（IPCC）2006 年编制的《国家温室气体清单指南》的测算方法，以《中国环境统计年鉴》《中国能源统计年鉴》《中国统计年鉴》和西部各地区统计年鉴的相关数据为基础，测算了 2000~2015 年中国西部地区工业二氧化碳排放总量、碳排放强度和人均碳排放量等指标，并基于测算结果，分析了各个省份、三大区域的碳排放总量、碳排放强度、人均碳排放量的演化趋势。

研究发现，第一，2000~2015 年我国西部地区工业碳排放总量和人均碳排放量处于上升态势，而碳排放强度则处于下降态势，2015 年我国西部地区工业碳排放总量 245094.70 万吨，较 2000 年的 63984.48 万吨增加了 2.8 倍，年均递增 9.5%。我国西部地区 2015 年的碳排放强度为 23.62 万吨/亿元，较 2000 年的 49.83 万吨/亿元降低了 1.1 倍。2015 年的西部地区人均碳排放量为 101.45 万吨/人，较 2000 年的 25.55 万吨/人增加了近 3 倍。从碳排放总量来看，西部地区工业碳排放可以明显划分为三个阶段：第一个阶段是 2000~2007 年，为工业碳排放总量缓慢增长阶段；第二个阶段是 2008~2013 年，工业碳排放总量持续快速增长；第三个阶段为 2014~2015 年，工业碳排放总量开始缓慢下降，碳排放强度则呈现"波动起伏—平稳下降"的循环变化轨迹。2001~2004 年和 2008~2010 年为两个波动阶段，西部地区工业碳排放强度减速均经历了较大变动，"V"型特征较为明显。第二，从地区差异来看，我国西部地区工业碳排放总量最高的是内蒙古，排放总量为 54265.36 万吨；位居第二位的是新疆，排放总量为 39610.64 万吨；位居第三位的是陕西，排放总量为 37504.55 万吨。工业碳排放总量增速较缓的主要有重庆、四川、贵州、云南、甘肃，其中重庆和甘肃碳排放总量和年均增速较小，减排压力较小。从碳排放强度来看，2015 年碳排放强度较高的省份主要包括宁夏、新疆、内蒙古，碳排放强度较低的包括广西、云南、重庆、四川。从年均增速可以看出，西部地区中重庆、四川、云南、甘肃、青海下降速度较快。从人均碳排放量来看，2015 年，人均碳排放量较高的省份依次为宁夏、内蒙古、新疆、陕西，人均碳排放较低的省份主要包括重庆、广西、四川、云南。第三，2000~2015 年西部地区各省份工业碳排放效率虽然呈现较大的地区差异性，但存在较强的空间相关和空间收敛特征，西部地区碳排放呈现"俱乐部收敛"的特征。运用 K - Means Cluster 聚类分析法，对西部地区碳排放效率的空间分布格局与空间相关性进行了聚类划分，将重庆、云南划分为低值高效区，将广西、四川、贵州、甘肃、宁夏、青海划分为中值中效区，将内蒙古、新疆、陕西划分为高值低效区。相比较而言，高值低效区碳排放总量、碳排放强度、人均碳排放量均超过中值中效区，而中值中效区的碳排放总量、人均碳排放量均超过低值高效区；从碳排放总量、碳排放强度、人均碳排放量的增长速度来看，低值高效区的碳排放总量、碳排放强度、人均碳排放量的增长速度是三大区域中增速最缓慢的，增长速度总体为负增长，高值低效区和中值中效区的碳排放总量、碳排放强度、人均碳排放量的增长速度波动性较大，最近几年也呈现负增长的趋势。

西部地区工业碳排放与地区经济增长

经济增长与环境污染之间的关系一直都是环境经济学研究的热点问题，在当今强调"低碳发展"与环境保护的理念下，这一问题的研究变得更加热门。改革开放 40 多年，我国经济持续快速增长，创造了"中国奇迹"，但也付出了巨大的能源和环境代价。在美国宣布退出《巴黎协定》的情况下，中国仍承诺继续履行《巴黎协定》，并在党的十九大报告中提出"引导应对气候变化国际合作，成为全球生态文明建设的重要参与者、贡献者、引领者"。作为一个负责任的大国，中国依据自身经济条件和实际发展情况，在哥本哈根气候大会上提出 2020 年二氧化碳排放强度比 2005 年下降 40% ~ 50% 的减排目标，又承诺 2030 年碳排放强度比 2005 年下降 60% ~ 65%。工业行业占据了我国能源消耗与碳排放的 80% 以上，实现工业经济增长与二氧化碳排放的脱钩，对于我国实现减排目标，增强经济可持续发展的动力有重要的理论与现实意义。西部地区工业碳排放与经济增长关系如何？是否也符合环境库兹涅茨曲线？西部地区工业碳排放与经济增长是否实现了完全脱钩？西部地区提出的碳减排目标框架能否平衡减排与增长之间的矛盾？对这些问题的研究，不仅事关西部地区碳减排目标和环境规制的有效运行，更影响着中国低碳转型的成败。

随着中国经济进入新常态，经济增速有所下滑。环境规制的构建应以不损害经济增长为前提，以推进碳排放和经济增长脱钩为主要目标。因此，本章从两个角度——西部地区工业碳排放与经济增长的脱钩关系和碳排放环境库兹涅茨曲线（EKC），研究西部地区工业碳排放与经济增长之间的关系，为西部地区减排路径与经济发展模式的选择提供参考和依据。

4.1 西部地区工业碳排放与经济增长的脱钩分析

4.1.1 脱钩理论

通常来说，经济增长会导致碳排放量的增加，但是，采用新的技术或实施有效的减排政策能够在较低的碳排放水平下获得更高水平的经济增长，这一过程称为脱钩。OECD指出，脱钩就是阻断经济增长与环境污染之间联系的过程。为了让脱钩能够量化与方便测量，OECD（2002）提出了脱钩指标来测量脱钩情况，脱钩指标的分子为环境压力变量，如二氧化碳排放量，分母则为经济驱动力变量，如GDP；在环境压力的增长率小于经济驱动力的情形下便形成脱钩，脱钩指标反映了代表环境压力变量与经济驱动力变量之间的相对变化率，构成了所谓的完整的环境指标体系中的重要组成部分。

度量经济增长与排放关系的脱钩指标可划分为两种模式：OECD模式和Tapio模式。OECD模式对应的是物质消耗总量与经济增长总量关系的研究，Tapio模式是物质消耗强度的IU曲线研究，即OECD模式和Tapio模式分别是总量指标和强度指标，前者通常分析的是相关变量的总量，例如二氧化碳排放总量和GDP，后者则是相关变量的比值，通过分析比值的变动来确定脱钩是否发生。[1] 脱钩可以分为绝对脱钩和相对脱钩。绝对脱钩是指当环境压力变量的增长率为稳定或递减，同时经济驱动力的增长率为递增时的情形；相对脱钩是指环境压力变量的增长率虽为正，但其增长幅度小于经济驱动力增长率的情形。以二氧化碳排放与经济增长为例，如果经济稳定增长而二氧化碳排放量反而减少则为绝对脱钩；如果经济增长率高于二氧化碳排放增长率则为相对脱钩。OECD（2002）为衡量脱钩指标的变化，首先建立脱钩指数与脱钩因子[2]，若用D来表示脱钩指数，F来表示脱钩因子，则脱钩

---

① 完整的环境指标包括驱动力—环境压力—环境状态—环境冲击及政府因应等层面。脱钩指标仅描述DPSIR框架中的DSR之间的关系，不涉及环境冲击等议题。
② 脱钩因子是直接比较终期年与基期年的变化，作为判定该期间经济体系是否呈现脱钩的依据。

指数的计算见式（4.1），脱钩因子的计算见式（4.2）：

$$D = \frac{EP_{t_i}/DP_{t_i}}{EP_{t_0}/DP_{t_0}} \qquad (4.1)$$

$$F = 1 - D \qquad (4.2)$$

其中，EP 为环境压力指标值（具体为碳排放量），DP 为经济驱动力指标值（具体为 GDP）。再选定某一年作为基准年，例如以 1997 年（t_0）为基准年，令其指数为 100，以 2010 年（t_i）为终期年，直接计算终期年相对于基准年的脱钩因子变化值，即可看出两者呈现脱钩（脱钩因子为正，且其值接近 1），或是相对脱钩（脱钩因子为正，且其值接近 0），又或是无脱钩（脱钩因子为 0 或为负值）。[①]

显然，该脱钩指标对于基期年选定具有高度敏感性，在不同的基期年下，将呈现迥然不同的结果；同时，该指标主要比较量的变化，并未能真实反映脱钩的情况。为了克服这两个局限，芬兰未来研究中心的特皮欧教授在 2005 年提出了脱钩弹性（decoupling elasticity）的概念，将脱钩指标再细分为连结、脱钩或负脱钩三种状态，再依据不同弹性值，进一步细分为弱脱钩、强脱钩、弱负脱钩、强负脱钩、增长负脱钩、增长连结、衰退脱钩与衰退连结八大类。特皮欧（2005）的研究使得脱钩指标体系进入了新阶段。该指标的优点在于对环境压力指标与经济驱动力指标的各种可能组合给出了合理的定位，可以较为清晰地定位政府环境策略绩效状态。

如果将 Tapio 脱钩弹性应用于经济增长与二氧化碳排放量之间的脱钩关系，用 ε 代表脱钩弹性，则有式（4.3）：

$$\varepsilon = \frac{(EP_{t+1} - EP_t)/EP}{(EP_{t+1} - DP_t)/DP_t} \qquad (4.3)$$

其中，$t+1$ 为当期，t 为基期。

这个指标是以某一弹性值范围作为脱钩状态界定的，例如弹性值 0 ~ 0.8 之间为弱负脱钩，介于 0.8 ~ 1.2 之间则为衰退连结，具体脱钩情况见表 4 - 1。

---

① 当然，也可以选择前一年为基准年，当期为终期年，如 1997 年为基准年，1998 年为终期年。

表 4 – 1   Tapio 脱钩指标弹性与等级对照

		ΔEP（环境压力）ΔCO_2	ΔDP（驱动力）ΔGDP	弹性 ε
连结	衰退连结	<0	<0	(0.8, 1.2)
	增长连结	>0	>0	(0.8, 1.2)
脱钩	衰退脱钩	<0	<0	(1.2, +∞)
	强脱钩	<0	>0	(-∞, 0)
	弱脱钩	>0	>0	(0, 0.8)
负脱钩	弱负脱钩	<0	<0	(0, 0.8)
	强负脱钩	>0	<0	(-∞, 0)
	增长负脱钩	>0	>0	(1.2, +∞)

显然，特皮欧（2005）在 OECD 脱钩体系的基础上将脱钩指标进行了细化，有效地避免了 OECD 模型基期选择的随意性而导致的偏差，提高了脱钩模型应用于脱钩关系测度的科学性与准确性。因此，Tapio 模型在经济增长与二氧化碳排放的脱钩关系研究中得到了更为广泛的应用。本书也基于 Tapio 模型分析西部地区经济增长与二氧化碳排放之间的脱钩关系。

4.1.2 变量选取与数据来源

本书所研究的样本数据为 1998～2015 年西部地区 11 个省份的省际数据。西部省际二氧化碳排放量计算方式如下。

$$CEEC = \sum_{i=1}^{n} EC_i \times CEF_i \qquad (4.4)$$

式（4.4）中，$CEEC$ 为能源消费碳排放量（吨碳，tC）；EC_i 为能源 i 的消费量（吨标准煤，tC）；CEF_i 为消费单位能源 i 的碳排放量，称为碳排放系数（吨碳/吨标准煤，tC/tce）；n 为产生碳排放的能源消费品种数。本书引用的化石能源碳排放系数在前文表 3 – 1 中已列出，此处不再赘述。

为了保证数据的平稳性，以 1998 年为基期进行了调整。

为了更好地分析西部不同地区工业碳排放的脱钩状态变化规律与差异，本书除了对西部各地区工业行业经济增长与排放量的脱钩状态进行分析之

外，还依据第3章碳排放的集聚程度划分的三大区域，对高值低效区、中值
中效区和低值高效区三大区域的脱钩状态进行了比较分析。

4.1.3　西部地区工业碳排放与经济增长的脱钩分析

根据式（4.1）和式（4.2）可计算1998~2015年各地碳排放的脱钩指
数，并根据表4-1，判断出西部地区各省份的脱钩状态，具体结果如表4-2
所示①。

表4-2　　　　　　　　西部地区各省份脱钩指数与脱钩状态

省份	1998~2005 年		2006~2010 年		2011~2015 年	
	脱钩指数	脱钩状态	脱钩指数	脱钩状态	脱钩指数	脱钩状态
内蒙古	1.21	增长负脱钩	0.70	弱脱钩	0.47	弱脱钩
广西	1.18	增长连结	0.94	增长连结	0.42	弱脱钩
重庆	0.77	弱脱钩	0.69	弱脱钩	0.44	弱脱钩
四川	1.22	增长负脱钩	0.65	弱脱钩	0.43	弱脱钩
贵州	0.89	增长连结	0.55	弱脱钩	0.43	弱脱钩
云南	1.90	增长负脱钩	0.61	强脱钩	0.45	弱脱钩
陕西	1.31	增长负脱钩	0.66	弱脱钩	0.44	弱脱钩
甘肃	0.91	增长连结	0.68	弱脱钩	0.47	弱脱钩
青海	0.81	增长连结	0.82	增长连结	0.64	弱脱钩
宁夏	5.52	增长负脱钩	0.92	增长连结	0.77	弱脱钩
新疆	0.98	增长连结	1.17	增长连结	0.68	弱脱钩

从表4-2可以看出，1998~2005年，除重庆之外，西部各省份工业碳
排放与经济增长之间的脱钩弹性指标均大于0.8，其脱钩关系处于增长负脱
钩或增长连结状态，即大部分地区的碳排放增长速度快于经济增长速度，减
排压力较大；内蒙古、四川、云南、宁夏和陕西处于增长负脱钩状态，广

---

①　若无特别说明，本节的地区生产总值（GDP）均已换算成1998年价格。

西、贵州、甘肃、青海和新疆处于增长连结状态，说明西部大部分地区的能源消费结构依然以煤炭等高排放能源品种为主，过度依赖能源资源投入支撑经济增长的粗放型发展模式没有明显改变。

2006～2010 年，除新疆、广西、宁夏、青海的碳排放与经济发展之间的脱钩关系处于增长连结状态外，其余省份碳排放与经济发展之间的脱钩弹性指标均小于 0.8，脱钩关系处于弱脱钩状态。这与我国在"十一五"期间把节能减排作为调整经济结构、转变发展方式的重要抓手有着密切的关系，西部地区碳排放与经济发展之间的脱钩关系大部分由增长负脱钩或增长连结状态变成弱脱钩状态，且脱钩弹性较"十五"期间下降幅度大，说明我国西部大部分地区经济发展的增长速度快于碳排放的增长速度，减排成效显著。

2011～2015 年，西部地区所有省份碳排放与经济发展之间的脱钩弹性指标均小于 0.8，脱钩关系处于弱脱钩状态。

从 1998～2015 年西部地区碳排放与经济发展之间脱钩关系状态的变动可以发现，碳排放与经济发展之间的脱钩关系在大部分地区由增长负脱钩或增长连结状态变成弱脱钩状态，且脱钩弹性较"十五"期间下降幅度大，说明西部各地区在"十一五"到"十二五"期间认真贯彻落实党中央、国务院的决策部署，采取了有力措施，切实加大了减排工作力度，基本实现了环境规划确定的节能减排约束性目标，节能减排工作成效显著。

为了更好地分析西部碳排放集聚区域的脱钩情况，本书利用脱钩指数计算公式分别测算了碳排放高值低效区、中值中效区、低值高效区的脱钩指数。表 4-3 为 1998～2015 年西部地区三大区域的脱钩指数与脱钩状态。

表 4-3　　　1998～2015 年西部地区三大区域的脱钩指数与脱钩状态

年份	高值低效区		中值中效区		低值高效区	
	脱钩指数	脱钩状态	脱钩指数	脱钩状态	脱钩指数	脱钩状态
1998	2.11	增长负脱钩	1.64	增长负脱钩	1.41	增长负脱钩
1999	2.15	增长负脱钩	1.52	增长负脱钩	1.17	增长负脱钩
2000	1.68	增长负脱钩	1.43	增长负脱钩	1.21	增长负脱钩

年份	高值低效区		中值中效区		低值高效区	
	脱钩指数	脱钩状态	脱钩指数	脱钩状态	脱钩指数	脱钩状态
2001	1.44	增长负脱钩	1.28	增长负脱钩	1.14	增长连结
2002	1.21	增长负脱钩	0.95	增长连结	0.91	增长连结
2003	1.09	增长连结	0.90	增长连结	0.80	弱脱钩
2004	0.99	增长连结	0.66	弱脱钩	0.75	弱脱钩
2005	0.73	弱脱钩	0.58	弱脱钩	0.63	弱脱钩
2006	0.62	弱脱钩	0.52	弱脱钩	0.53	弱脱钩
2007	0.57	弱脱钩	0.49	弱脱钩	0.38	弱脱钩
2008	1.16	增长连结	0.87	增长连结	0.63	弱脱钩
2009	0.92	增长连结	0.79	弱脱钩	0.56	弱脱钩
2010	0.87	弱脱钩	0.73	弱脱钩	0.44	弱脱钩
2011	0.64	弱脱钩	0.56	弱脱钩	0.39	弱脱钩
2012	0.57	弱脱钩	0.48	弱脱钩	0.34	弱脱钩
2013	0.49	弱脱钩	0.43	弱脱钩	0.31	弱脱钩
2014	0.45	弱脱钩	0.39	弱脱钩	0.29	弱脱钩
2015	0.43	弱脱钩	0.35	弱脱钩	0.25	弱脱钩

从表4-3可以看出，1998~2015年间西部地区碳排放高值低效区、中值中效区和低值高效区的脱钩指数与脱钩状态既有共性，也存在一定差异。纵向来看，三大区域工业行业增长负脱钩状态集于1998~2000年，这三年间，西部地区经济处于快速增长期，二氧化碳排放量增长速度快于经济增长速度，经济的增长明显以环境破坏为代价。2001~2004年，中国刚刚加入世界贸易组织，加入世界贸易组织对经济的刺激作用还没有显现，同时也受限于1999年亚洲金融危机影响的尾效应，外需尚未恢复，内需尚且不足，工业行业的增长乏力，能源消耗明显减少，二氧化碳排放量也相应下降，二氧化碳排放的增长与工业GDP增长基本持平，从而出现增长负脱钩→增长连结→弱脱钩的发展特征，其中，弱脱钩集于2005~2015年。在此期间，一方面，以节能减排政策为主要基调的宏观调控起到非常重要的作用，如国

家发展改革委于 2006 年 8 月发出通知，要求关闭能耗高的中小发电厂；另一方面，工业企业技术革新也为碳排放的减少做出了积极贡献。需要关注的是，在 2008～2009 年间三大区域的脱钩指数突然上升，脱钩状态急剧恶化，2009～2010 年总脱钩指标虽有所下降，但依然大于 2008 年前的脱钩指标值。可能的原因是 2007 爆发了世界性金融危机，为了应对金融危机，保障就业，国务院于 2008 年底出台了四万亿元投资的经济刺激计划，一大批基础设施建设工程投产，使能源需求大幅度增加，提高了能源消耗增长率，导致节能脱钩指标迅速上升。

从横向对比来看，西部地区三大区域脱钩指数分布呈现明显的区域性特征，低值高效区最低，高值低效区最高，中值中效区的脱钩指数介于二者之间，这反映出我国不同地区在经济发展方式与经济增长质量方面的巨大差异。对于碳排放的低值高效区而言，除了 1998～2002 年处于增长负脱钩→增长连结状态外，其余各年均表现为弱脱钩状态。对于高值低效区而言，虽也呈现出增长负脱钩→增长连结→弱脱钩的发展特征，但其增长负脱钩和增长连结的年份明显多些，表明该地区工业行业二氧化碳排放量的增长较多年份快于经济的增长。

总体而言，内蒙古、新疆和陕西作为全国能源和重化工产品基地，经济增长严重依赖于资源与能源的消耗，因此伴随着能源消耗的高速增长，二氧化碳排放必然大幅度增加，导致脱钩指标最高，这反映出西部地区经济增长方式的粗放和不可持续性。重庆与云南对于资源和能源依赖性较低，相对而言，技术水平较为先进，人力资本较为丰富，且以技术和劳动密集型产业为主，因此经济增长对资源与能源的依赖度相对较弱，导致其经济增长与二氧化碳排放之间的脱钩指数在三大地区中最小。

4.2 西部地区工业碳排放环境库兹涅茨曲线检验

20 世纪 90 年代初，格雷斯曼和克鲁格（1995）根据经验数据提出了环境库兹涅茨曲线（EKC），他们认为，环境污染水平和经济增长之间的关系呈倒"U"型曲线，即在经济发展的初级阶段，随着经济增长，环境质量不断恶化，当经济增长越过某一特定的"转折点"时，环境质量将得到改善。[①] 环境库兹涅茨曲线描述了经济增长和环境质量之间的长期非线性均衡关系。此后，许多学者运用各国截面、时间序列或面板数据，对是否存在 EKC 进行了广泛研究，大部分学者的检验结果表明，碳排放和经济发展之间存在着倒"U"型曲线，这些文献普遍认为发达国家和新兴工业化国家与地区存在环境库兹涅茨曲线，如对美国、西欧国家、日本、韩国、新加坡等的经验分析表明这些国家和地区符合倒"U"型 EKC 的特征。

但是卡普兰和泰勒（Copeland and Taylor，2009）利用 IPAT 方法对碳排放量测算以后，引入人均收入指标进行相关关系检验，发现发达国家的碳排放库兹涅茨曲线并不是倒"U"型的，而是单调递增的。有学者利用中国环境保护部门提供的各省份 1985～2004 年的碳排放面板数据，通过构建 CGE 模型检验，发现中国将在未来很长一段时间保持碳排放量的飞速增长，不会很快出现碳排放的拐点（Auffhammer and Richard，2009）。还有一些学者对一系列发展中国家经济发展与碳排放关系的实证检验也证明，碳排放不是倒"U"型增长而是单调递增（Benz，2009；Halicioglu，2009）。

陆虹（2000）建立了人均二氧化碳排放量和人均 GDP 之间的状态空间模型，发现二者不是简单的倒"U"型关系。付加锋等（2008）基于生产和消费视角，认为无论是从生产视角还是从消费视角，单位 GDP 的二氧化碳排放量都呈显著的倒"U"型，韩玉军和陆旸（2009）对不同国家分组后的研究表明，不同组别国家的碳排放库兹涅茨曲线差异很大，分别呈现倒"U"型、线性等关系。许广月和宋德勇（2010）、仲云云和仲伟周（2012）对中国东部、中部、西部三大区域的碳排放库兹涅茨曲线进行验证，发现存在区域差异，即东部地区和中部地区存在人均碳排放环境库兹涅茨曲线，但是西部地区不存在该曲线。虞义华等（2011）则分析了二氧化碳排放强度同经济发展水平及产业结构之间的关系，认为碳排放强度与人均 GDP 之间存在"N"型关系。

综上，可以看出，由于采用的环境指标不同，使用的研究方法不同，学

[①]　诚然，国内外关于 EKC 的研究成果非常丰富。鉴于本节主要目的是考察 CKC，故在此仅仅列举了 EKC 研究领域的代表性人物，并未详尽阐述国内外学者卓有成效的研究工作。

者们得出的结论具有较大差异。本章利用中国能源环境统计数据资料，从空间经济学的角度，采用空间计量经济学方法对我国西部各省份碳排放与经济增长之间的关系进行了实证研究。

4.2.1 EKC 理论的基本内容

环境库兹涅茨曲线假说是库兹涅茨曲线假说的进一步扩展。1995 年，美国环境经济学家格雷斯曼和克鲁格开创性地将库兹涅茨曲线运用于分析经济增长和环境质量之间的关系，提出了环境库兹涅茨曲线的假说。环境库兹涅茨曲线假说可以简单表述为：在经济增长初期，由于生产效率较为低下，污染物的排放量较少，环境污染水平较低（图 4 - 1 中阶段 A）；随着经济的进一步发展，资源消耗也随之增加，并且此时资源消耗速度超过资源再生速度，环境恶化明显（图 4 - 1 中阶段 B），在经济发展的高速阶段，由于产业结构的转型升级与科学技术水平不断提升，污染行业减产或升级为清洁能源行业，经济高速发展也为环境治理提供资金支持，此时，人们的环境保护意识也得到了加强，环境质量状况开始改善（图 4 - 1 中阶段 C），具体如图 4 - 1 所示。

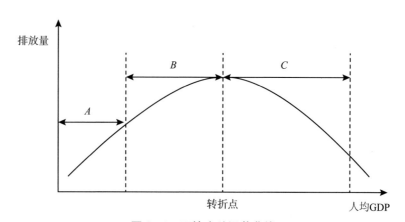

图 4 - 1 环境库兹涅茨曲线

环境库兹涅茨曲线假说的基础假设涉及以下几个方面：第一，经济增长在不同阶段存在不同的结构性问题。在人均收入水平较低的时候，经济增长也是工业化的过程，此时的工业化需要从环境中攫取更多能源和其他原材料，从而导致向环境排放的废物增加。第二，随着经济的不断发展，产业结构会发生改变，制造部门规模相对缩小，而服务业规模相对扩大。产业结构的调整以制造业产值比例缩小为代价，服务业规模的扩张便意味着经济从环境中攫取得更少，排入环境的废物也相应减少。第三，当制造业相对转移到服务业时，制造业内部也出现了转移，即由基本的原料加工转向要求更多训练有素的劳动力和更先进技术的加工设备的活动。第四，随着人们生活变得富裕，他们愿意花费更多收入来改善环境质量。当人均收入水平较低时，人们优先满足食物和住房方面的基本需要。随着人均收入水平的提高，人们愿意将钱花在"奢侈品"上，例如改善环境质量的废物处理设施。

　　环境库兹涅茨曲线假说有其重要的政策意义：（1）一国在其经济发展过程中特别是工业化发展的起飞阶段，环境质量一定程度上的下降在所难免。（2）当经济发展到一定阶段时，环境质量与经济增长之间的变动关系会出现转折，此时，经济增长便有利于环境质量的改善。

4.2.2　西部地区工业碳排放与经济增长关系的 KCF 验证

4.2.2.1　模型设定与数据来源

（1）模型设定。

　　考虑到经济与环境之间是一个相互影响的有机系统：一方面经济增长会对环境产生影响，另一方面环境恶化反过来也会影响经济的持续发展。而现有文献较少考虑经济与环境之间的双向作用，这可能会导致研究结果出现一定的偏差，EKC 模型常常把经济增长变量当成外生变量，进而忽略了经济与环境间可能存在的相互作用的反馈机制。基于此，本书构建式（4.5）进行分析：

$$CO_2 = \alpha_0 + \alpha_1 GDP + \alpha_2 GDP^2 + \alpha_3 K + \alpha_4 NYQ + \alpha_5 IS + \alpha_6 City$$
$$+ \alpha_7 TI + \alpha_8 PD + \alpha_9 AH + \varepsilon_i \qquad (4.5)$$

　　式（4.5）用来解释碳排放量与经济增长的关系，碳排放量用碳排放总量、碳排放强度和人均碳排放来衡量，经济增长用人均 GDP 度量。影响碳排放的因素很多，本书借鉴现有关对碳排放的研究文献，模型中引入经济发展水平（GDP）、能源强度（NYQ）、人口密集度（PD）、城镇化水平（$City$）和产业结构（IS）等影响因素。主要变量的说明见表 4-4。

表 4-4 主要变量说明

变量名称	变量符号	计量方法（变量描述）
碳排放总量	TCO_2	地区二氧化碳排放总量的对数
人均碳排放量	PCO_2	地区二氧化碳排放总量/各省份总人口
碳排放强度	GCO_2	地区二氧化碳排放总量/地区 GDP
经济发展水平	GDP	地区年末实际 GDP 总额/各省份年末总人口
资本存量	K	地区新增固定资产的对数
劳动者教育水平	AH	从业人员受教育平均年限
产业结构	IS	第二产业产值与地区国内生产总值之比
能源强度	NYQ	能源消费总额/GDP 总额
城镇化水平	$City$	非农业户口人口/总人口
地区开放程度	TI	进出口贸易总额/GDP
人口密集度	PD	地区总人口/总占地面积

（2）数据来源。

选取 1998~2015 年我国西部地区面板数据为样本，因为西藏自治区数据不易获得或存在缺失，所以不包含在内；西部地区其他 11 个省份包括：陕西、重庆、贵州、云南、四川、甘肃、宁夏、青海、新疆、内蒙古、广西。本书的数据主要来自各年份《中国统计年鉴》、各省份统计年鉴以及《中国税收统计年鉴》等公开数据库。

4.2.2.2 实证检验结果与分析

（1）描述性统计。

表 4-5 列示了主要变量的描述性统计结果。

表 4 – 5　　　　　　　　　　主要变量的描述性统计结果

变量	观测值	均值	标准差	极小值	极大值
TCO_2	198	25.568	15.321	12.260	29.802
PCO_2	198	31.568	5.284	0.260	42.823
GCO_2	198	42.568	4.134	0.260	53.780
GDP	198	19.143	15.656	23.640	72.064
K	198	7.041	7.763	2.751	3.937
AH	198	7.664	0.919	4.906	9.594
NYQ	198	1.806	0.925	0.519	5.027
IS	198	0.444	5.646	0.336	0.558
$City$	198	0.285	0.096	0.143	0.609
TI	198	0.107	0.063	0.013	0.415
PD	198	129.881	103.158	6.960	379.850

从表 4 – 5 可以看出，1998 ~ 2015 年，西部地区工业碳排放总量、工业碳排放强度和人均碳排放量的均值分别为 25.568、31.568 和 42.568，且地区差异较大；GDP 的平均水平为 19.143，地区新增固定资产的均值为 7.041，从业人员受教育平均年限为 7.664，第二产业产值与地区国内生产总值之比为 0.444，能源消费总额与 GDP 总额之比为 1.806，非农业户口人口与总人口之比为 0.285，进出口贸易总额与 GDP 之比为 0.107，人口密集度为 129.881。

（2）经济增长与碳排放之间的长期均衡。

①单位根检验和协整检验。非平稳时间序列做回归分析时，容易产生伪回归现象。因此在对变量进行协整分析之前，需要对变量的平稳性进行检验，只有变量在一阶平稳，才能进行协整分析。本书使用的面板数据单位根检验法为三种：LLC 检验、Breitung 检验和 IPS 检验法。LLC 检验的原假设都是面板数据各截面序列均含有一个相同的单位根，IPS 检验原假设是面板数据中各截面序列都不含单位根。在具体进行单位根检验时，LLC 检验方程中无截距无趋势项，Breitung 检验包含了截距项和趋势项，Hadri 检验只包含了截距项。

本节所采用的数据为 1998～2015 年我国西部地区面板数据，在联立方程组的回归之前，首先对各变量进行平稳性检验，结果见表 4-6。由表 4-6 的检验结果可知：对变量的水平值进行检验时，结果均表明存在单位根，而对其一阶差分进行检验时，除了变量 *City*、*PD* 和 *K* 的 *IPS* 检验接受原假设外，其余变量的检验结果均表明拒绝"存在单位根"的原假设。因此，可以认为所有变量都是"一阶单整"的，即为 I(1) 序列。

表 4-6　　　　　　　　　　　　　单位根检验结果

变量	检验方式	LLC 检验	Breitung 检验	IPS 检验	检验结果
TCO_2	水平值	-0.6754 (0.3054)	3.2645 (1.0954)	-0.3412 (0.3532)	非平稳
	一阶差分	-4.7634 *** (0.0000)	-2.9836 *** (0.0029)	-4.1247 *** (0.0001)	平稳
PCO_2	水平值	-0.5972 (0.2168)	2.8723 (0.9995)	-0.3354 (0.4140)	非平稳
	一阶差分	-5.1782 *** (0.0000)	-2.3516 *** (0.0016)	-3.9302 *** (0.0001)	平稳
GCO_2	水平值	-0.7829 (0.2168)	3.2904 (0.9995)	-0.2174 (0.4140)	非平稳
	一阶差分	-4.9376 *** (0.0000)	-2.7576 *** (0.0029)	-3.6417 *** (0.0001)	平稳
GDP	水平值	0.3887 (0.6512)	9.7929 (1.0000)	4.8283 (1.0000)	非平稳
	一阶差分	-3.0173 *** (0.0013)	-5.8039 *** (0.0000)	-2.2866 ** (0.0111)	平稳
K	水平值	8.9291 (1.0000)	11.6232 (1.0000)	13.6269 (1.0000)	非平稳
	一阶差分	-4.4018 *** (0.0000)	-2.9524 *** (0.0016)	3.4227 (0.9997)	平稳
AH	水平值	3.3112 (0.9995)	6.1403 (1.0000)	3.8519 (0.9999)	非平稳
	一阶差分	-4.4022 *** (0.0000)	-1.4887 * (0.0683)	-2.2866 ** (0.0111)	平稳
IS	水平值	-1.2160 (0.1120)	0.3363 (0.6317)	-1.4932 (0.4683)	非平稳
	一阶差分	-4.4650 *** (0.0000)	-3.0977 *** (0.0010)	-3.9004 *** (0.0000)	平稳

变量	检验方式	LLC 检验	Breitung 检验	IPS 检验	检验结果
NYQ	水平值	2. 2728 (0. 9885)	6. 9085 (1. 0000)	6. 4595 (1. 0000)	非平稳
	一阶差分	- 1. 6570 ** (0. 0488)	- 3. 1896 *** (0. 0007)	- 1. 7880 ** (0. 0369)	平稳
City	水平值	- 0. 8575 (0. 1956)	5. 9129 (1. 0000)	4. 3244 (1. 0000)	非平稳
	一阶差分	- 2. 9585 *** (0. 0015)	0. 8254 (0. 7954)	- 1. 7372 ** (0. 0412)	平稳
TI	水平值	- 1. 5582 * (0. 0596)	- 0. 5233 (0. 3004)	- 0. 3934 (0. 3470)	非平稳
	一阶差分	- 5. 5633 *** (0. 0000)	- 2. 9171 (0. 0018) ***	- 2. 3932 *** (0. 0084)	平稳
PD	水平值	- 9. 1729 *** (0. 0000)	6. 5897 (1. 0000)	0. 9554 (0. 8303)	非平稳
	一阶差分	- 4. 9770 *** (0. 0000)	- 0. 8842 (0. 1883)	- 4. 8566 *** (0. 0000)	平稳

注：＊、＊＊、＊＊＊分别表示在1%、5%、10%水平上显著。

　　由表4-6的检验结果可知，二氧化碳排放量的三种度量方式（碳排放总量、碳排放强度和人均碳排放）的原序列经过三种检验都表明其含有单位根，是非平稳的，再对其一阶差分序列 ΔCO_2 的三种度量方式（碳排放总量、碳排放强度和人均碳排放）进行检验，在5%的显著性水平上 LLC 和 Breitung 检验法同时拒绝了 ΔCO_2 含有单位根的原假设，Hadri 检验也接受了其不含有单位根的原假设，从而判定 ΔCO_2 是平稳的，即 CO_2 是一阶单整序列。同理，综合以上三种检验方法可以得出结论：变量 TCO_2、GCO_2、PCO_2、K、AH、$City$、TI、NYQ、PD 和 IS 的原序列都含有单位根，是非平稳的，而它们的一阶差分序列是不含单位根的平稳序列，所以变量 TCO_2、GCO_2、PCO_2、K、AH、$City$、TI、NYQ、PD 和 IS 同为一阶单整序列。

　　②面板数据的协整检验。本书对面板数据的协整检验主要采用 Kao 检验法。Kao 检验采用的是 ADF 检验统计量，其原假设是各面板变量之间不存在协整关系。分别对三个因变量 TCO_2、PCO_2、GCO_2 与自变量 K、AH、$City$、TI、NYQ、PD 和 IS 之间的协整关系进行检验，检验结果见表4-7。

表 4 – 7　　　　　　　　不加二次项变量的 Kao 检验结果

因变量 为 CO_2	t 统计量	P 值	因变量 为 PCO_2	t 统计量	P 值	因变量 为 GCO_2	t 统计量	P 值
ADF	– 17.909	0.000	ADF	– 11.005	0.000	ADF	– 10.730	0.000
残差变量	0.0002		残差变量	0.0003		残差变量	0.0003	
HAC 变量	0.0002		HAC 变量	0.0002		HAC 变量	0.0002	

　　从表 4 – 7 可以看出，表中的 P 值都以 1% 的显著性水平拒绝了面板变量之间不存在协整关系的原假设。因此，可以判定二氧化碳排放总量、人均二氧化碳排放量及二氧化碳排放强度分别与人均 GDP、资本存量、产业结构、能源强度、城镇化水平、劳动者教育水平、地区开放程度、经济发展水平和人口密集度之间存在长期均衡的协整关系。

　　为进一步分析经济发展水平对环境的非线性影响，在自变量中加入经济发展的二次项，再次采用 Kao 检验法考察因变量分别为 TCO_2、PCO_2、GCO_2 与加入二次项后的所有自变量之间的协整关系。表 4 – 8 给出了检验结果，所有 P 值都以 1% 的显著性水平拒绝了各变量之间不存在协整关系的原假设。可见，在原有自变量的基础上加入二次项之后，面板变量之间仍然存在长期均衡的协整关系。

表 4 – 8　　　　　　　　加入二次项变量的 Kao 检验结果

因变量 为 TCO_2	t 统计量	P 值	因变量 为 PCO_2	t 统计量	P 值	因变量 为 GCO_2	t 统计量	P 值
ADF	– 12.159	0.000	ADF	– 12.105	0.000	ADF	– 11.813	0.000
残差变量	0.0004		残差变量	0.0004		残差变量	0.0004	
HAC 变量	0.0002		HAC 变量	0.0002		HAC 变量	0.0002	

　　（3）回归结果分析。

　　表 4 – 9 为西部地区工业碳排放与经济增长的回归结果。从回归结果可以发现，无论是碳排放总量，还是碳排放强度和人均碳排放量，人均 GDP 变量的一次项系数为正数，二次项系数为负数。对于碳排放总量、碳排放强

度和人均碳排放量，人均 GDP 一次项系数的弹性分别为 0.9818、1.0019 和 1.2059，二次项的系数分别为 -0.0145、-0.0018 和 -0.0209，且在统计上显著相关，这表明，经济增长与二氧化碳排放之间呈现倒 "U" 型关系，当人均 GDP 低于拐点水平时，经济增长水平的提高会促进二氧化碳排放，而越过拐点水平以后，经济增长水平的提高会抑制二氧化碳排放。以碳排放总量为例，在拐点之前，二氧化碳排放总量与人均 GDP 的弹性为 0.9818，即在其他条件不变的情形下，人均 GDP 水平每提高一个百分点使二氧化碳排放提高 0.9818 个百分点。在拐点之后，人均 GDP 水平每提高一个百分点使二氧化碳排放降低 0.0145 个百分点。通过简单计算可以得知，倒 "U" 型曲线的拐点为人均 GDP 80424.02 元（1998 年价），毫无疑问，到 2020 年西部地区并没有哪个省份达到这样高的经济发展水平。换句话说，在现阶段西部地区工业碳排放并未达到拐点，还处于上升阶段。显然，这和林伯强、蒋竺均（2009）的研究结论类似，关于二氧化碳排放强度的结论同虞义华等（2011）的结论基本一致。也就是说，对于人均二氧化碳排放量，存在二氧化碳排放的库兹涅茨曲线，对于二氧化碳排放强度而言，也存在倒 "U" 型环境库兹涅茨曲线。

表 4-9　　　　　　西部地区工业碳排放与经济增长的回归结果

变量	模型 1（TCO_2）	模型 2（PCO_2）	模型 3（GCO_2）
GDP	0.9818 *** （5.004）	1.0019 *** （4.439）	1.2059 *** （5.014）
GDP^2	-0.0145 *** （2.638）	-0.0018 ** （2.747）	-0.0209 ** （2.008）
K	0.4074 *** （12.678）	0.4510 *** （11.091）	0.3934 *** （10.982）
AH	-0.1714 *** （-3.220）	-0.0756 *** （-3.890）	-0.0294 *** （-3.956）
IS	0.1104 *** （5.130）	0.0092 *** （4.006）	0.0023 *** （3.276）
NYQ	0.2153 *** （4.044）	0.3505 *** （5.372）	0.2854 * （1.930）

续表

变量	模型 1（TCO_2）	模型 2（PCO_2）	模型 3（GCO_2）
City	0.6445 *** (3.189)	0.4752 *** (3.872)	0.6270 *** (4.109)
TI	− 0.2458 *** (− 4.39)	− 0.0525 * (− 1.824)	− 0.1158 *** (− 2.874)
PD	0.3418 *** (4.309)	0.2122 *** (3.182)	0.1256 *** (2.876)
_cons	0.8858 *** (8.610)	0.7645 (8.643)	0.8928 *** (8.419)
N	198	198	198
R^2	0.859	0.832	0.885
Wald	1271.06 ***	1315.43 ***	1615.70 ***

注：*、**、*** 分别表示在 1%、5%、10% 水平上显著。

对于其他控制变量而言，资本存量会促进二氧化碳排放，以碳排放总量为例，其弹性为 0.4074，即在其他条件不变的情形下，资本存量每提高一个百分点使二氧化碳排放提高 0.4074 个百分点。人口密度每增长一个百分点会使二氧化碳排放提高 0.1714 个百分点。劳动者教育水平的提高会降低二氧化碳排放，劳动者教育水平每增长一个百分点，会使二氧化碳排放降低 0.1714 个百分点。产业结构中第二产业占比每增加一个单位，则二氧化碳排放量增加 0.1104 个百分点；能源强度的提高会大大增加二氧化碳排放，在碳排放总量分析中，其弹性为 0.2153，表明在其他条件不变的情形下，能源利用效率每提高一个百分点则二氧化碳排放提高 0.2153 个百分点。同样，城镇化水平每提高一个百分点使二氧化碳排放提高 0.6445 个百分点，地区开放程度每增长一个百分点，则会使二氧化碳排放降低 0.2458 个百分点；人口密度也会增大二氧化碳排放，在碳排放强度分析中其弹性为 0.1256，表明在其他条件不变的情形下，人口密度每提高一个百分点，则二氧化碳排放强度上升 0.1256 个百分点。

根据第 3 章的工业碳排放地区分类结果，将西部地区划分为高值低效区、中值中效区和低值高效区三大区域，对上述三大区域碳排放与经济增长的 CKC 的存在性进行了验证，具体回归结果如表 4 - 10 所示。

表 4-10　西部地区三大区域工业碳排放总量与经济增长的回归结果

变量	高值低效区	中值中效区	低值高效区
GDP	0.7348 *** (5.414)	1.216 *** (2.913)	1.119 *** (4.539)
GDP^2	0.0126 *** (2.781)	0.0188 *** (8.432)	-0.0098 * (1.918)
K	0.4241 *** (7.178)	0.4714 *** (8.761)	0.404 *** (5.321)
AH	0.1714 *** (3.312)	0.1654 *** (2.793)	0.1140 *** (4.219)
IS	0.167 *** (3.247)	0.009 *** (4.718)	0.001 *** (5.736)
NYQ	0.0198 *** (4.123)	0.155 *** (3.176)	0.205 * (3.653)
City	0.613 *** (3.234)	0.314 *** (2.891)	0.269 *** (3.815)
TI	-0.226 *** (-4.231)	-0.056 * (1.907)	-0.160 *** (4.433)
PD	0.3418 *** (4.309)	0.2122 *** (3.182)	0.1256 *** (2.876)
_cons	0.988 *** (8.980)	0.753 *** (7.766)	0.889 *** (9.554)
N	54	108	36
R^2	0.554	0.637	0.525
Wald	1143.54 ***	1287.89 ***	1042.32 ***

注：*、**、***分别表示在1%、5%、10%水平上显著。

表 4-10 为西部地区三大区域工业碳排放总量与经济增长的回归结果。从回归结果可以发现，西部地区的高值低效区、中值中效区和低值高效区的碳排放总量和人均 GDP 之间的关系存在较大的差异性。就低值高效区的云南和重庆而言，人均 GDP 的一次项系数和二次项系数分别为 1.119 和 -0.0098，且在 1% 的水平上显著相关，这表明，低值高效区经济增长与二氧化碳排放之间呈现倒"U"型关系，当人均 GDP 低于拐点水平时，经济增长水平的提高会促进二氧化碳排放，而越过拐点水平以后，经济增长水平

的提高会抑制二氧化碳排放。但是，就高值低效区的内蒙古、新疆和陕西而言，人均 GDP 的一次项系数为正数，二次项系数也为正数，弹性系数分别为 0.7348 和 0.0126，且在 10% 的水平上显著相关，这表明，高值低效区经济增长与二氧化碳排放之间呈现正"U"型关系。就中值中效区的广西、四川、贵州、甘肃、宁夏、青海而言，人均 GDP 的一次项系数为正数，并在 10% 的水平上显著相关，二次项系数虽为负数，也在 10% 水平上通过显著性检验，这说明中值中效区的经济增长与二氧化碳排放之间呈现"U"型关系。

从表 4-11 可以发现，以碳排放强度为被解释变量，回归结果与将二氧化碳排放总量作为被解释变量的回归结果基本一致，即西部地区的低值高效区经济增长与二氧化碳排放之间呈现倒"U"型关系，高值低效区经济增长与二氧化碳排放之间呈现正"U"型关系。

表 4-11　　西部地区三大区域工业碳排放强度与经济增长的回归结果

变量	高值低效区	中值中效区	低值高效区
GDP	0.7988 *** (5.304)	1.4560 *** (2.893)	1.2269 *** (4.395)
GDP^2	0.0146 *** (2.638)	0.0316 *** (10.40)	-0.0098 * (1.908)
K	0.4074 *** (6.175)	0.4074 *** (8.561)	0.4074 *** (5.031)
AH	0.2134 *** (3.452)	0.1886 *** (2.789)	0.1924 *** (4.122)
IS	0.1527 *** (3.103)	0.0019 *** (4.078)	0.0021 *** (4.826)
NYQ	0.0347 *** (4.044)	0.2015 *** (3.1047)	0.3205 * (3.561)
City	0.7215 *** (3.109)	0.3503 *** (2.770)	0.3471 *** (3.065)
TI	-0.3212 *** (-5.262)	-0.1706 ** (-1.987)	-0.1980 *** (-4.764)
PD	0.2341 *** (3.976)	0.2532 *** (3.453)	0.1659 *** (2.912)

变量	高值低效区	中值中效区	低值高效区
_cons	0.8858 *** (8.061)	0.7645 *** (7.667)	0.8928 *** (8.459)
N	54	108	36
R^2	0.754	0.637	0.725
Wald	1147.36 ***	1235.84 ***	1195.72 ***

注：*、**、*** 分别表示在 1%、5%、10% 水平上显著。

从表 4-12 可以发现，以人均碳排放量作为被解释变量，回归结果与将二氧化碳排放总量作为被解释变量的回归结果基本一致。即西部地区的低值高效区经济增长与二氧化碳排放之间呈现倒 "U" 型关系，高值低效区经济增长与二氧化碳排放之间呈现 "U" 型关系。

表 4-12　　西部地区三大区域工业人均碳排放量与经济增长的回归结果

变量	高值低效区	中值中效区	低值高效区
GDP	0.6243 *** (4.230)	1.126 *** (2.876)	1.643 *** (4.765)
GDP^2	0.0462 *** (2.812)	0.0256 *** (12.423)	-0.0172 ** (2.420)
K	0.3794 *** (6.675)	0.474 *** (8.651)	0.274 *** (5.103)
AH	0.1204 *** (3.648)	0.1914 *** (2.798)	0.114 *** (4.342)
IS	0.514 *** (3.233)	0.019 *** (4.758)	0.002 *** (4.547)
NYQ	0.0192 *** (5.074)	0.105 *** (3.137)	0.245 * (3.961)
City	0.521 *** (3.524)	0.638 *** (6.707)	0.267 *** (3.875)
TI	-0.208 *** (-4.564)	-0.056 * (1.998)	-0.1598 *** (4.453)

续表

变量	高值低效区	中值中效区	低值高效区
PD	0.1584 *** (3.334)	0.2792 *** (2.983)	0.2019 *** (3.176)
_cons	0.7886 *** (7.790)	0.7435 *** (7.547)	0.8812 *** (8.945)
N	54	108	36
R^2	0.744	0.673	0.765
Wald	1237.76 ***	1178.21 ***	1235.74 ***

注：*、**、*** 分别表示在1%、5%、10%水平上显著。

4.3 本章小结

本章基于 Tapio 研究框架，构建二氧化碳排放与经济增长的脱钩指数模型，测度了 1998～2015 年西部地区工业碳排放与经济增长之间的脱钩关系及程度，分析了二者脱钩发展的时间演变趋势。结果表明，1998～2015 年西部地区工业行业存在一定的脱钩效应，且弱脱钩效应有不断增加的趋势，不同地区工业行业脱钩指数存在较大差异性，并呈现缓慢下降态势。在"十一五"之前，除重庆处于弱脱钩状态外，内蒙古、四川、云南、陕西和宁夏处于增长负脱钩状态，贵州、甘肃、青海和新疆处于增长连结状态，说明西部大部分地区的能源消费结构依然以煤炭等高排放能源品种为主，过度依赖能源资源投入支撑经济增长的粗放型发展模式没有明显改变；在"十一五"期间，除新疆、广西、宁夏、青海的碳排放与经济发展之间的脱钩关系处于增长连结状态外，其余省份处于弱脱钩状态。"十二五"期间，西部地区所有省份碳排放与经济发展之间的脱钩弹性指标均小于0.8，其脱钩关系处于弱脱钩状态。从横向对比来看，西部地区三大区域总脱钩指数分布呈现明显的区域性特征，低值高效区最低，高值低效区最高，中值中效区的脱钩指数介于二者之间，这反映出我国不同地区在经济发展方式与经济增长质量方面的巨大差异。对于碳排放的低值高效区而言，除了 1998～2002 年处于增长负脱钩→增长连结状态外，其余各年均表现为弱脱钩状态；对于高值低效区而言，虽也呈现出增长负脱钩→增长连结→弱脱钩的发展特征，但其增长负脱钩和增长连结的年份明显多些，表明该地区工业行业二氧化碳排放量的增长较多年份快于经济的增长。

为了进一步验证西部地区工业碳排放量与经济增长之间的关系，本章从实证的角度检验了碳排放库兹涅茨曲线（CKC）在西部地区的适用性。利用西部地区 1998~2015 年的省级面板数据，从西部地区整体和三大碳排放区域的角度分析了经济发展与二氧化碳排放的影响，研究表明，从西部地区来看，经济增长与二氧化碳排放之间呈现倒"U"型关系，当人均 GDP 低于拐点水平时，经济增长水平的提高会促进二氧化碳排放，而越过拐点水平以后，经济增长水平的提高会抑制二氧化碳排放。通过简单计算，倒"U"曲线的拐点为人均 GDP 80424.02 元（1998 年价），毫无疑问，到 2020 年西部地区并没有哪个省份达到这样高的经济发展水平。换句话说，在现阶段西部地区工业碳排放并未达到拐点，还处于上升阶段。就西部地区三大碳排放区域而言，低值高效区经济增长与二氧化碳排放之间呈现倒"U"型关系，高值低效区和中值中效区经济增长与二氧化碳排放之间呈现正"U"型关系，即就云南和重庆而言，当人均 GDP 低于拐点水平时，经济增长水平的提高会促进二氧化碳排放，而越过拐点水平以后，经济增长水平的提高会抑制二氧化碳排放。但是，就高值低效区的内蒙古、新疆和陕西，中值中效区的广西、四川、贵州、甘肃、宁夏、青海而言，经济增长与二氧化碳排放之间呈现"U"型关系，经济的增长以破坏环境为代价。

西部地区工业碳排放地区差异影响因素分析

通过前文可以发现，西部地区各省份碳排放总量、碳排放强度和人均碳排放量存在较大差异，且各地区经济快速增长与碳排放的关系也各不相同。西部地区碳排放变化受哪些因素驱动？各省份碳排放强度变化与西部地区整体碳排放强度变化是否保持一致？各省份碳排放强度差异性表现的主导因素是否有所不同？本章将对这些问题逐一研究。本章基于 KAYA 恒等式的碳排放强度拓展模型，采用 LMDI 分解法对 1998～2015 年中国碳排放强度的变化进行分解，分析产业结构、能源强度和能源结构等因素对碳排放强度的动态影响；在此基础上，利用夏普里（Shapley）值的回归方程分解方法，对 1998～2015 年西部地区各省份和三大区域二氧化碳排放的影响因素进行了定量分解。通过对西部地区各省份和三大区域二氧化碳排放影响因素的分解，不仅能够加深对西部地区碳排放影响因素的系统认识，而且对于动态考察西部地区碳排放主要影响因素的动态演化，并据此因地制宜地制定符合地区经济发展的环境政策具有重要意义。

5.1 西部地区工业碳排放地区差异影响因素的分解分析

5.1.1 模型和方法

5.1.1.1 基于 KAYA 恒等式的碳排放强度拓展模型

碳排放强度是碳排放总量与 GDP 的比值。将 KAYA 恒等式 $C = \dfrac{C}{E} \times \dfrac{E}{GDP} \times$

$\dfrac{GDP}{P} \times P$ 进行拓展，则 KAYA 恒等式的碳排放强度拓展模型可以用式 (5.1) 表示：

$$CI = \sum_{ij} \frac{G_i}{GDP} \times \frac{E_i}{G_i} \times \frac{E_{ij}}{E_i} \times \frac{C_{ij}}{E_{ij}} \qquad (5.1)$$

其中，i 表示产业；j 表示一次性能源消费种类；C_{ij} 为第 i 产业第 j 种能源消费引起的二氧化碳排放；G_i 为第 i 产业增加值；E_i 和 E_{ij} 分别表示第 i 产业的能源消费总量和第 i 产业第 j 种能源的消费量。

设 $S = \dfrac{G_i}{GDP}$，表示第 i 产业占国民经济的比重，代表产业结构；$R = \dfrac{E_i}{G_i}$，表示单位产值的耗能量，代表能源强度；$T = \dfrac{E_{ij}}{E_i}$，表示第 i 产业第 j 种能源占产业一次性能源消费的比重，代表能源结构；$A = \dfrac{C_{ij}}{E_{ij}}$ 表示各能源的二氧化碳排放系数。则 KAYA 恒等式的碳排放强度拓展模型可以表示为：

$$CI = S \times R \times T \times A \qquad (5.2)$$

根据简化模型式 (5.2) 可以看出，碳排放强度受产业结构、能源强度、能源结构和各能源的二氧化碳排放系数的影响。各种能源的碳排放系数在表 3 - 1 中已列出，此处不再重复。

5.1.1.2 LMDI 分解方法

(1) LMDI 的基本原理。

昂等 (2005) 提出的对数平均权重分解法 (LMDI) 具有全分解、无残差、易使用的特点，同时 LMDI 分解法解决了传统 Divisia 法中的 "0" 值问题，加法模型和乘法模型的分解结果具有一致性、唯一性和易理解等优点。这种方法适合分解含有较少因素、包含时间序列数据的模型，近年来成为广泛应用的方法。很多学者运用 LMDI 分解方法对中国碳排放进行了分解。因此本书也采用这种方法构建碳排放强度模型并分解出影响因素。LMDI 的基本原理如下：

假设变量 Z 受 n 个因素影响，即 $Z = x_1 x_2 x_3 \cdots x_n$，那么在时间段 $[0, t]$ 内，变量 Z 的变化量 ΔZ 可以用加法分解为：

$$\Delta Z = Z^t - Z^0 = \Delta Z_{x1} + \Delta Z_{x2} + \cdots + \Delta Z_{xn} \qquad (5.3)$$

用乘法将变化率分解为：

$$D = \frac{Z^t}{Z^0} = D_{x1} \cdot D_{x2} \cdots D_{xn} \qquad (5.4)$$

加法分解和乘法分解可以相互转化，即 $\Delta Z_{xn} / \Delta Z = \ln D_{xn} / \ln D$，所以只需选择其中一种分解方法计算即可。

（2）碳排放强度 LMDI 分解模型。

将基期和报告期 t 的碳排放强度差异用乘法分解和加法分解为：

$$D = D_Y * D_s * D_R * D_T * D_A \qquad (5.5)$$

$$\Delta I = CI_t - CI_0 = \Delta I_Y + \Delta I_S + \Delta I_R + \Delta I_T + \Delta I_A \qquad (5.6)$$

鉴于乘法分解和加法分解的一致性，本书只采用加法进行分解。式（5.6）中，ΔI、ΔI_Y、ΔI_s、ΔI_R、ΔI_T、ΔI_A 分别表示碳排放强度变化总量、经济水平变化总量、产业结构变动、能源强度变化、能源结构变化以及碳排放系数变化对碳排放强度变化的贡献值，其中 $\Delta I_A = 0$。为了下文表达方便，将 ΔI_Y、ΔI_S、ΔI_R、ΔI_T 分别称为经济增长效应、产业结构效应、能源强度效应和能源结构效应，可用式（5.7）~式（5.10）计算得到。产业结构效应包括产业经济增加值和产业结构比例等对碳排放强度的影响；能源强度效应主要是指由于技术的发展提高了能源效率进而减少了单位产值能源消费和碳排放；能源结构效应是指改变能源结构带来的碳排放强度变化，如增加清洁能源和新型能源的使用比例可以减少碳排放强度。

$$\Delta I_S = \sum_{ij} L(W_{ij}^t, \ W_{ij}^{t-1}) \times \ln \left(\frac{Y_i^t}{Y_i^{t-1}} \right) \qquad (5.7)$$

$$\Delta I_S = \sum_{ij} L(W_{ij}^t, \ W_{ij}^{t-1}) \times \ln \left(\frac{S_i^t}{S_i^{t-1}} \right) \qquad (5.8)$$

$$\Delta I_R = \sum_{ij} L(W_{ij}^t, \ W_{ij}^{t-1}) \times \ln \left(\frac{R_i^t}{R_i^{t-1}} \right) \qquad (5.9)$$

$$\Delta I_T = \sum_{ij} L(W_{ij}^t, \ W_{ij}^{t-1}) \times \ln \left(\frac{T_{ij}^t}{T_{ij}^{t-1}} \right) \qquad (5.10)$$

其中，$W_{ij} = S_i \times R_i \times T_{ij} \times A_{ij}$，$L(W_{ij}^t, W_{ij}^0) = (W_{ij}^t - W_{ij}^{t-1}) / (\ln W_{ij}^t - \ln W_{ij}^{t-1})$。

5.1.1.3　完全分解模型

（1）基本原理。

完全分解模型，整个系统的变化是由系统内各个因素共同作用的结果，并且基于"共同导致、平等分配"的原则分解剩余项（Sun，1998）。

假设变量 Z 是由变量 x 和变量 y 共同决定的，即 $Z = x \times y$，在时间段 $[0, t]$ 内，变量 Z 的变化量 ΔZ 可以表示为：

$$\begin{aligned}
\Delta Z &= Z^t - Z^0 = x^t y^t - x^0 y^0 \\
&= (x^t - x^0) y^0 + (y^t - y^0) x^0 + (x^t - x^0)(y^t - y^0) \\
&= \Delta x \cdot y^0 + \Delta y \cdot x^0 + \Delta x \Delta y
\end{aligned} \tag{5.11}$$

$\Delta x \cdot y^0$ 和 $\Delta y \cdot x^0$ 分别表示变量 x 和变量 y 的变化对 ΔZ 的贡献；$\Delta x \Delta y$ 是模型中的剩余项，其贡献来自 x 和 y 两个因素共同的变化，当没有相反假设的理由时，完全分解模型坚持的基本思想是按照"共同导致、平等分配"的原则来分解剩余项，就把剩余项平均分配到 x 的贡献和 y 的贡献，则两个因素的贡献分别为：

$$x_{effect} = \Delta x \cdot y^0 + \frac{1}{2} \Delta x \Delta y \tag{5.12}$$

$$y_{effect} = \Delta y \cdot x^0 + \frac{1}{2} \Delta x \Delta y \tag{5.13}$$

如果是三因素模型，将余项平均分配到三个因素上，以此类推，则三个因素的贡献分别为：

$$x_{effect} = \Delta x \cdot y^0 \cdot z^0 + \frac{1}{2} \Delta x (\Delta y \cdot z^0 + \Delta z \cdot y^0) + \frac{1}{3} \Delta x \cdot \Delta y \cdot \Delta z \tag{5.14}$$

$$y_{effect} = \Delta y \cdot x^0 \cdot z^0 + \frac{1}{2} \Delta y (\Delta x \cdot z^0 + \Delta z \cdot x^0) + \frac{1}{3} \Delta x \cdot \Delta y \cdot \Delta z \tag{5.15}$$

$$z_{effect} = \Delta z \cdot x^0 \cdot y^0 + \frac{1}{2} \Delta z (\Delta x \cdot y^0 + \Delta y \cdot x^0) + \frac{1}{3} \Delta x \cdot \Delta y \cdot \Delta z \tag{5.16}$$

邱寿丰（2008）从省级行政区、东中西部区域以及经济组别对中国能源强度的变化进行分解分析。张友国（2009）采用完全分解模型分析了最终需求模式变化对中国二氧化硫排放的影响。王迪和聂锐等（2010）采用完全分解模型，分解出能源消费总量、能源投入结构与技术进步等因素对经济增长的影响作用，其中能耗对经济增长起到主导作用，技术进步对经济增

长的影响呈波动性增长趋势。根据这些研究启示，本书将完全分解模型应用
到西部地区碳排放强度的省份分解之中。

（2）碳排放强度完全分解模型。

由于发展历史等方面的原因，各个产业间和省份间发展程度和能源消费
存在很大的差异。为了更好分析各产业和各省份碳排放强度对全国总体碳排
放强度的影响情况以及各省份碳排放强度的差异，本节采用完全分解模型，
从省级行政区层面分解出中国碳排放强度变化的地区经济效应和效率效应。
碳排放强度 I 可以通过式（5.17）表示，其中 C_n 为第 n 个省份的二氧化碳
排放量，I_n 表示第 n 个省份的碳排放强度，G_n 表示第 n 个省份的生产总值，
$Y_n = G_n/G$ 表示第 n 个省份的 GDP 占西部地区 GDP 的比重。

$$I = \frac{C}{G} = \frac{\sum_n C_n}{G} = \frac{\sum_n I_n G_n}{G} = \sum_n I_n Y_n \tag{5.17}$$

根据式（5.17）可以发现，碳排放强度变化是由两个方面因素共同决
定的：一方面，在经济发展水平（各省份 GDP 占西部地区 GDP 比重）保持
不变的情况下，该产业/省份因自身碳排放强度变化而带来的西部地区碳排
放强度变化，本书称之为"省份碳排放强度变化效应"，简称"碳排放强度
效应"；另一方面，各省份在自身碳排放强度水平保持不变的情况下，由于
经济产值占西部地区比例变化带来的碳排放强度变化情况，体现了经济增长
对碳排放强度变化的影响作用，本书称之为"省份经济占比变化效应"，简
称"结构效应"。

此时，碳排放强度的变化量 $\Delta I = \sum_n I_n^t Y_n^t - \sum_n I_n^0 Y_n^0$，根据完全分解模
型，可将 ΔI 进一步分解为：

$$\Delta I = \sum_n I_n^0 (Y_n^t - Y_n^0) + \sum_n Y_n^0 (I_n^t - I_n^0) + \sum_n (I_n^t - I_n^0)(Y_n^t - Y_n^0)$$

$$\tag{5.18}$$

其中，$\sum_n (I_n^t - I_n^0)(Y_n^t - Y_n^0)$ 为分解余值，余值主要取决于两因素共同变化
的作用，可以平均分配到两个因素的贡献上。因此可进一步分解得各省份的
结构效应（r_{eco}）和碳排放强度变化效应（r_{tec}）。

$$r_{eco} = \sum_n I_n^0 (Y_n^t - Y_n^0) + \frac{1}{2} \sum_n (I_n^t - I_n^0)(Y_n^t - Y_n^0) \tag{5.19}$$

$$r_{tec} = \sum_n Y_n^0 (I_n^t - I_n^0) + \frac{1}{2} \sum_n (I_n^t - I_n^0)(Y_n^t - Y_n^0) \tag{5.20}$$

5.1.2　数据来源

由于中国的统计年鉴中，未直接给出二氧化碳排放量，本书采用林伯强等（2010）的计算方法，用终端化石能源消费量来估算碳排放。具体计算公式同前文式（3.1）。相关系数的折算在前文表3-1中已列出。本书选择1998~2015年西部11个省份工业部门的数据。终端能源消费来源于《中国能源统计年鉴》，涉及原煤、精洗煤、其他洗煤、焦炭、焦炉煤气、其他煤气、其他焦化产品、原油、汽油、煤油、柴油、燃料油、液化石油气、炼厂干气、其他石油制品、天然气、热力以及电力18种能源；GDP及各行业工业增加值来源于《中国统计年鉴》，由于2008年以后的工业增加值数据没有统计，因此根据工业增加值年平均增长率进行计算，此数据来源于《中国工业经济统计年鉴》。此外，GDP及工业增加值转换为1998年不变价格。

5.1.3　西部地区工业碳排放地区差异影响因素分解

5.1.3.1　西部地区工业碳排放影响因素分解

根据LMDI加法分解方法，对西部地区1998~2015年工业碳排放强度因素进行分解，根据式（5.7）~式（5.10）可以计算出分解结果，如表5-1所示。

表5-1　　　　1998~2015年西部地区工业碳排放强度因素分解

年份	碳排放强度变化（吨/万元）				贡献率（%）			
	经济增长	产业结构	能源强度	能源结构	经济增长	产业结构	能源强度	能源结构
1998	2.333	-0.121	-0.070	-0.126	98.801	-57.113	-98.801	-58.393
1999	1.831	-0.176	-0.008	-0.176	99.972	-5.188	-99.972	-5.262

续表

年份	碳排放强度变化（吨/万元）				贡献率（%）			
	经济增长	产业结构	能源强度	能源结构	经济增长	产业结构	能源强度	能源结构
2000	1.145	- 0.171	- 0.092	- 0.213	121.243	- 52.746	- 121.243	- 31.843
2001	0.971	- 0.071	- 0.082	- 0.095	127.466	- 106.028	- 127.466	- 78.997
2002	1.338	0.168	0.065	0.146	86.653	39.438	86.653	26.234
2003	1.525	0.156	0.109	0.043	30.615	71.076	30.615	1.820
2004	1.221	0.012	- 0.030	- 0.037	250.636	212.891	250.636	- 61.867
2005	1.074	0.082	- 0.027	- 0.025	25.305	33.509	25.305	- 41.980
2006	1.066	- 0.150	- 0.006	- 0.150	98.086	- 4.405	- 98.086	- 6.306
2007	1.665	- 0.178	- 0.033	- 0.199	107.872	- 18.797	- 107.872	- 10.068
2008	0.757	- 0.108	- 0.029	- 0.167	165.365	- 79.032	- 165.365	- 13.224
2009	0.678	- 0.140	- 0.057	- 0.029	21.394	- 41.399	- 21.394	- 37.225
2010	1.335	- 0.160	- 0.090	- 0.153	89.026	- 44.052	- 89.026	- 26.330
2011	0.934	- 0.088	- 0.036	- 0.192	67.882	- 18.797	- 67.882	- 20.906
2012	0.845	- 0.178	- 0.077	- 0.196	75.445	- 79.032	- 75.445	- 33.622
2013	0.921	- 0.201	- 0.095	- 0.209	71.664	- 41.399	- 71.664	- 37.222
2014	0.688	- 0.190	- 0.019	- 0.197	98.026	- 45.402	- 98.026	- 26.330
2015	0.645	- 0.218	- 0.037	- 0.229	107.882	- 28.797	- 107.882	- 20.906
合计	1.335	- 0.584	- 0.654	- 1.995	13107.98	- 525.460	- 1773.300	- 482.427

总体而言，1998～2015年西部地区工业碳排放的主要驱动力为经济增长、行业结构、能源强度和能源结构。且在不同阶段对碳排放的影响大小不同，作用强度也有所区别。

（1）经济持续增长是西部地区工业碳排放增长的最主要原因。

经济增长效应累积贡献率最高，高达13107.98%，且累积贡献值最大，经济增长导致西部地区工业碳排放强度增加了1.335吨/万元，1998～2015年，西部地区GDP为828155.78亿元，经济增长导致碳排放增加1105587.97万吨，表明经济增长是造成工业能源消耗和碳排放量快速增加的主要因素。1998～2015年，经济增长效应始终为正值，呈上升趋势，到

2015 年导致碳排放增加 26422.29 万吨，说明经济增长对碳排放的拉动作用逐年增加。2005～2015 年西部 11 省份人均 GDP 总值不断上升，消除通货膨胀后的实际 GDP 从 2005 年的 36778.26 亿元增加到 2015 年的 114086.22 亿元，增长率为 210.2%，年均增长率为 10.84%。[①] 同时，该阶段碳排放增长率为 52.73%，表明西部地区经济持续增长是导致能源消费碳排放增加的最主要原因。经济发展需要能源投入，但能源消费会产生碳排放，故发展经济必定导致碳排放的增加。根据环境库兹涅茨曲线可知，在经济发展初期，经济发展带来较高的碳排放，但当经济发展到一定程度时，碳排放达到峰值，之后随着经济的继续发展，碳排放数量将会下降。显然，西部 11 个省份的经济发展远落后于发达国家，仍处在库兹涅茨曲线的左端，即经济发展带来较高数量的碳排放。

（2）产业结构调整是抑制西部地区碳排放增长的重要原因。

从表 5-1 可以看出，1998～2015 年，虽然西部地区产业结构变化有正有负，但从总体上来看，产业结构的碳减排效应为负时居多，产业结构调整对工业碳排放的总体影响呈现先减少再增加后减少的趋势，且产业结构的碳减排总效应为负值，产业结构的调整使西部地区碳排放强度降低了 0.584 吨/万元，累计贡献度为 -525.460%。从时间维度来看，西部地区产业结构对碳排放强度的影响呈现出先上升再下降的特征。1998～2001 年，产业结构效应均为负，说明在这期间，中国的产业结构朝着有利于碳排放强度降低的方向进行调整。2002～2005 年，产业结构效应均为正，说明在这期间产业结构的调整增加了工业碳排放总量。2006～2015 年，产业结构效应均为负，说明在这期间，西部地区的产业结构朝着有利于碳排放强度降低的方向进行调整。

（3）能源强度下降对能源消费碳排放的减少起主导作用。

能源强度效应累积贡献率达 -1773.300%，说明西部 11 个省份能源强度变化有利于减少能源消费碳排放量。由表 5-1 可知，研究期间能源强度效应除 2002～2003 年为正值外，其余年份均为负值。能源强度的下降导致西部地区碳排放强度下降了 30.654 吨/万元。能源强度下降抑制了碳排放的

---

① 数据来自历年《中国统计年鉴》。

增长，说明随着经济的发展，西部地区能源利用效率在不断提高。能源强度受多种因素的综合影响，比如能源结构、产业结构、居民消费习惯以及技术水平等，但能源结构、居民消费习惯等短期内难以改变，因此能源强度下降的主要因素应该是技术水平的提高。

（4）能源结构变动也是抑制西部地区碳排放的主导因素之一。

由表5-1可知，1998~2015年，能源结构变化促使西部地区碳排放强度降低了1.995吨/万元，能源结构效应累积贡献率为-482.427%。能源结构变动对能源消费碳排放的影响亦呈波动性，相对于基期（1998年）而言，仅有2002年和2003年能源结构效应为正值，其余年份能源结构效应均为负值，说明只有2002~2003年能源结构的变动不利于抑制能源碳排放，而其余年份能源结构的变动均有利于碳排放的减少，说明能源结构的调整对碳排放强度的降低一直起着积极作用，同时也表明我国政府近年来积极调整能源结构取得了一定的成效。2000年后，西部地区积极开发利用可再生能源以及实施"煤改电"等能源政策，能源结构不断优化。其中，煤炭消费占比由2000年的58.65%下降到2014年的48.16%，而天然气和电力消费占比不断上升。从总的调整效果来看，能源结构效应远远低于能源强度效应，这也说明了我国能源结构调整的空间还很大。因此，对于西部11个省份来说，减少煤炭、石油等化石能源的使用，加快风电、核电等非化石能源的发展，提高风能、水能、太阳能等可再生能源的使用比例，降低能源结构效应的数值，促进能源结构向抑制能源碳排放的方向转变，是今后降低能源消费碳排放的必要举措。

不论从总效应来看，还是从各个时期来看，能源强度效应对西部地区工业碳减排的作用最大，减排的贡献值也最高，但是，西部地区产业结构效应表现不稳定。主要原因是我国正处于产业结构优化阶段，产业结构变迁的速度相对较慢，产业结构调整的正面影响尚未完全体现出来，而节能减排技术的作用尤为明显，因此能源强度抑制效应明显，其效应取决于产业经济结构效应和产业碳排放强度变化效应的共同作用。

5.1.3.2 西部地区工业碳排放强度区域差异分析

中国西部地域辽阔，各个省份之间的经济、能源储备等差异较大，碳排放强度的差异也较大。根据完全分解模型，利用式（5.19）和式（5.20）对 1998～2015 年西部地区各省份工业碳排放强度变化进行地区分解，分解结果如表 5－2 所示。

表 5－2　　　　　　　西部地区各省份工业碳排放强度因素分解

地区	碳排放强度变化（吨/万元）				贡献率（%）			
	经济增长	产业结构	能源强度	能源结构	经济增长	产业结构	能源强度	能源结构
内蒙古	1.744	0.121	-0.370	-0.118	78.231	34.113	-123.801	-65.432
广西	1.381	-0.167	-0.028	-0.146	52.792	35.188	-79.972	-35.226
重庆	1.054	-0.392	-0.029	-0.121	31.562	-52.746	-100.243	-31.843
四川	0.372	-0.224	-0.128	-0.195	47.432	-56.028	-98.466	-48.997
贵州	1.338	-0.154	-0.256	0.210	56.613	-39.438	-86.653	-26.234
云南	1.525	-0.143	-0.139	0.042	46.628	-47.060	-30.615	-21.820
陕西	1.221	0.022	-0.342	-0.273	69.636	32.891	-97.636	-61.867
甘肃	1.074	0.024	-0.207	-0.205	55.305	33.550	-65.305	-41.980
青海	1.066	-0.153	0.116	-0.154	88.012	-43.463	-76.086	-56.306
宁夏	1.665	-0.191	0.213	-0.187	77.832	-38.788	-69.872	-34.068
新疆	0.757	-0.143	-0.079	-0.148	65.650	-79.009	-65.365	-43.224

注：2015 年与 1998 年数据比较。

从西部地区工业碳排放强度的影响因素分解结果来看，各个省份呈现明显的差异，这一结果从空间维度显示了西部地区碳排放强度系统内部的复杂性。

就经济增长效应来看，西部地区各省份经济增长对整体碳排放强度变化的影响效果均为正，说明产出规模变化是造成工业能源消耗和碳排放量快速增加的主要因素。但西部地区各省份经济增长的贡献率各不相同，内蒙古经济增长对碳排放强度变化的影响最大，经济增长对于碳排放的平均贡献率为78.231%，重庆经济增长对碳排放强度变化的影响最小，经济增长对于碳排放的平均贡献率为 31.562%，内蒙古经济增长对碳排放强度变化的影响约是新疆的 2.5 倍。

产业结构效应体现了产业结构调整对西部地区碳排放强度变化的影响。从表5-2中可以看出，内蒙古、陕西和甘肃三个省份的产业结构效应为正，这说明在不考虑其他因素的情况下，这三个省份经济发展水平的提高提升了西部地区整体碳排放强度。在结构效应为正的省份中，内蒙古的结构效应为0.121吨/万元，而陕西为0.022吨/万元，相差约55倍。在产业结构效应为负的省份中，产业结构变化促进碳排放强度下降最多的是重庆，产业结构调整导致碳排放强度下降了0.392吨/万元，贡献率为-52.746%，产业结构调整促进碳排放强度下降最小的是云南，产业结构调整引起碳排放强度下降0.143吨/万元。这说明经济增长方式的不同对碳排放强度变化的影响差异较大。

能源强度效应指的是各省份碳排放强度单方面变化给西部地区整体碳排放强度变化带来的影响，碳排放强度体现一个地区的碳排放效率和节能减排技术。根据表5-2，从能源强度效应来看，只有青海和宁夏为正，其余省份的能源强度变化效应均为负。青海和宁夏的能源强度效应分别为0.116吨/万元和0.213吨/万元，主要是因为青海和宁夏的碳排放效率、节能减排技术等不仅没有提升，从降低碳排放强度的角度看反而退步了，未来需要找准原因，力促技术进步。内蒙古、陕西、重庆、四川、贵州、云南、甘肃、广西和新疆能源强度为负，说明这些地区节能减排技术提高了能源利用效率，减少了碳排放量。

由表5-2可知，能源结构变动对能源消费碳排放的影响相对最小。西部各省份能源结构效应累积贡献全部为负，说明能源结构调整减少了西部各省份的碳排放量。其中，陕西能源结构效应最高，其次为甘肃，二者能源结构调整效应分别为-0.273吨/万元和-0.205吨/万元。这主要是因为陕西和甘肃减少了煤炭、石油等化石能源的使用，加快了风电、核电等非化石能源的发展，提高风能、水能、太阳能等可再生能源的使用比例，降低能源结构效应的数值，促进了能源结构向抑制能源碳排放的方向转变。能源结构碳减排效应最小的是云南和贵州，原因在于这两个省份原本煤炭、石油等化石能源的使用相对较少。但是从总的调整效果来看，能源结构效应远远低于能源强度效应，这也说明了西部省份能源结构调整的空间还很大。2010年后，陕西和内蒙古积极开发利用可再生能源以及实施"煤改电"等能源政策，能源结构不断优化。

5.1.4　西部地区三大区域碳排放地区差异因素分析

依据上述分解原理，对西部地区三大区域 1998～2015 年碳排放强度进行分解，结果如表 5－3 所示。

表 5－3　　1998～2015 年西部地区三大区域工业碳排放强度因素分解

阶段	区域	碳排放变化				贡献率（%）			
		经济增长	产业结构	能源结构	能源强度	经济增长	产业结构	能源结构	能源强度
1998～2000 年	高值低效区	2.03	－0.21	0.29	－3.750	158.80	－57.110	98.800	－78.390
	中值中效区	1.35	－0.31	－0.18	－0.320	109.97	－5.190	－49.970	－5.260
	低值高效区	0.91	－0.33	－0.26	－0.610	81.24	－52.760	－21.240	－31.800
2001～2005 年	高值低效区	1.32	－0.27	0.15	－0.140	127.46	－106.030	77.460	－78.990
	中值中效区	1.21	－0.32	－0.15	－0.150	86.65	－39.440	－56.650	－26.230
	低值高效区	0.87	－0.36	－0.21	－0.310	70.61	－71.076	－30.610	－1.820
2006～2010 年	高值低效区	1.51	－0.23	0.09	－0.150	137.87	－18.790	107.870	－10.070
	中值中效区	1.02	－0.35	－0.69	－0.260	85.36	－79.030	－55.370	－13.220
	低值高效区	0.74	－0.33	－0.48	－0.210	78.80	－57.110	－38.800	－58.390
2011～2015 年	高值低效区	1.09	－0.25	－0.23	－0.124	109.97	－5.188	－49.970	－5.262
	中值中效区	0.69	－0.27	－0.12	－0.318	81.23	－52.746	－21.243	－31.843
	低值高效区	0.53	－0.34	－0.15	－0.278	67.54	－43.190	－49.970	－60.310

（1）经济增长效应。

第一，三大区域中，人均 GDP 对碳排放均有较强的正向驱动效应，总体而言，高值低效区人均 GDP 增长对碳排放的正向效应最大，低值高效区的人均 GDP 增长对碳排放的正向效应小，中值中效区人均 GDP 对影响碳排放的增长效应介于二者之间；第二，从四个阶段来看，人均 GDP 对碳排放的影响呈现先下降、再上升、再下降的趋势。1998～2000 年的经济增长效用最大，2001～2005 年三大区域的经济增长效应逐渐减小，但是，2006～

2010年，三大区域经济发展对减排的影响又有所上升。主要是因为地方政府在追求经济增长的同时，消费了大量的化石能源，导致碳排放大幅度增长，即使本省份的碳排放强度下降了，也会因为其增长的地区经济比重而对整体碳排放强度下降产生抑制作用。2011～2015年三大区域的经济增长效应逐渐减小，表明三大区域经济增长对耗能性产品的需求还未达到饱和，经济的发展仍需要以环境的污染作为代价。尤其是2006～2010年，经济水平较低的区域经济增长效应较强，其经济增长仍对耗能性产业有较大的依赖，且由于这些地区消费结构层次仍较低，随着经济的持续增长，可以预计，区域能源消耗还会持续增长，居民对电力、汽车等耗能型产品的需求也会趋于增加，从而导致该效应作用下的未来碳排放量增多。

（2）产业结构效应。

第一，产业结构效应均为负，通过计算可知，高值低效区、中值中效区和低值高效区的产业结构效应贡献率分别为 -187.118%、-176.406% 和 -224.136%，这说明产业结构优化对高能耗产业的作用比低能耗产业大。从表5-3中可以发现，低值高效区调整产业结构的减排作用较大，其次为高值低效区，中值中效区产业结构效应最低。产业结构效应大于能源强度效应和能源结构效应，这说明调整工业内部产业结构对于碳减排的作用较为明显，特别是调整高能耗行业的产业结构将更有利于节能减排。第二，从发展阶段来看，西部地区三大碳排放区域2001～2005年产业结构调整对碳排放的负向影响较大；2006～2010年产业结构对碳减排的效应有所上升；2011～2015年产业结构调整对碳减排的效应有所放缓。表明三大区域产业结构调整需求还未达到饱和，产业结构的不断调整达到了改善环境的功效。尤其在我国不断地加大环境规制力度之后，原来对资源和能耗有较大依赖的产业，纷纷向低能耗、低排放产业转型，或是通过技术革新和技术改造实现低碳发展。

（3）能源强度效应。

1998～2015年三大区域能源强度效应基本上为负，能源强度整体上表现为对碳排放的抑制作用。1998～2005年，西部地区能源强度变化对高值低效区碳排放的抑制作用最强，且高值低效区能源使用技术和碳减排技术的推广效果较好，技术进步对碳排放的抑制作用较大。2001～2015

年，中值中效区能源强度效应对碳排放的抑制作用较大，这些地区均属于产业结构相对传统的地区，由于承接了大量东部发达地区的产业，且淘汰了部分本地区落后的生产力，导致能源利用效率提高，碳排放量也相应减少；低值低效区能源强度效应较弱，主要是因为该地区产业结构调整已初步完成，当前技术水平下，区域减排潜力已基本耗尽。

（4）能源结构效应。

第一，1998~2015 年三大区域能源结构效应有较大波动；低值高效区能源结构效应始终为负，表明该区域有一个持续的能源结构改善过程，能源多元化效果日益明显，能源结构趋于合理，能源结构改善有效地抑制了碳排放的增长。第二，高值低效区能源结构效应基本为正，原因在于内蒙古和陕西经济发展水平相对落后且化石能源较丰富，各省化石能源所占比重较高，能源结构变化呈刚性，2011 年之后，政府出台了许多政策，强化了对碳排放的管制，高值低效区采用新能源，能源结构效应对碳排放的影响转正。第三，低值高效区能源结构改善动力较小，原因在于这些省份化石能源相对较少，能源结构的调整对碳排放均有较弱的负效应。

5.2　西部地区工业碳排放地区差异影响因素的实证分析

5.2.1　模型的设定与数据来源

根据 Kaya 恒等式和 LMDI 模型的分析，二氧化碳排放主要受经济发展水平、能源强度、能源效率和人口规模等重要因素影响，同时与能源结构、能源效率及产业结构等有较为密切的关系（林伯强和蒋竺均，2009；王锋等，2010；田立新和张蓓蓓，2011；许士春等，2012；仲云云和仲伟周，2012；骞和刘华军，2012）。除此之外，技术水平、国际贸易和城市化水平也会影响碳排放水平（刘华军和闫庆阅，2011；林伯强和刘希颖，2012）。

根据已有研究，将上述影响因素纳入模型，采用如下计量模型探求二氧化碳排放的影响因素：

$$CO_2 = \alpha_1 YI_{it} + \alpha_2 IS_{it} + \alpha_3 ES_{it} + \alpha_4 EI_{it} + \alpha_5 PD_{it} + \alpha_6 OP_{it} + \alpha_7 CI_{it} + \varepsilon$$

$$(5.21)$$

其中，CO_2 为碳排放度量指标，分别用碳排放强度（GCO_2）和人均碳排放量（PCO_2）表示。YI 为经济发展水平，用人均 GDP 表示，IS 为产业结构，ES 为能源结构，EI 为能源强度，PD 为人口密集度，OP 表示为对外开放程度，CI 为城镇化水平，ε 为随机扰动项。相关变量的说明如表 5 – 4 所示。

表 5 – 4　　　　　　　　　　主要变量说明

变量名称	变量符号	变量定义
碳排放强度	GCO_2	地区二氧化碳排放总量/地区 GDP
人均碳排放量	PCO_2	地区二氧化碳排放总量/地区总人口
经济发展水平	YI	各地区年末实际 GDP/各省年末总人口
产业结构	IS	第二产业产值/地区 GDP
能源结构	ES	石化能源消耗/总能源消耗
能源强度	EI	能源消费总额/GDP
人口密集度	PD	地区总人口/总占地面积
对外开放程度	OP	进出口贸易总额/GDP
城镇化水平	CI	非农业户口人口/总人口
技术水平	TI	受教育年限

本书实证研究的样本区间为 1998 ~ 2015 年。碳排放量的相关系数来自 2006 年 IPCC 编制的《国家温室气体清单指南》，其他数据来自《中国统计年鉴》和《中国能源统计年鉴》，或者通过年鉴的原始数据计算得到。人均 GDP 以 1998 年不变价格表示。为了避免检验组间异方差、组内自相关以及截面自相关等问题，得到更好的估计结果，本书使用了三种建模方法及不同的估计方法：固定效应模型（FE）、随机效应模型（RE）和可行广义最小二乘法（FGLS）进行回归分析。

5.2.2　实证结果分析

5.2.2.1　描述性统计

表 5 – 5 列出了主要变量的描述性统计结果。

表 5 – 5　　　　　　　　　　主要变量的描述性统计

变量	观察值	均值	标准差	最小值	最大值
PCO_2	189	31. 568	5. 284	0. 260	42. 823
GCO_2	189	42. 568	4. 134	0. 260	53. 780
YI	189	1. 951	1. 486	0. 333	8. 345
ES	189	69. 183	16. 129	25. 400	97. 249
IS	189	44. 312	1. 132	52. 186	38. 453
EI	189	38. 298	7. 979	12. 659	52. 882
PD	189	31. 600	15. 772	11. 496	80. 976
OP	189	10. 170	3. 128	4. 087	26. 462
CI	189	12. 987	1. 973	7. 712	17. 109
TI	189	7. 664	3. 347	4. 000	23. 000

从表 5 – 5 可以看出，1998～2015 年，西部地区工业碳排放强度和人均碳排放量的均值分别为 42. 568 和 31. 568，且地区差异较大；各地区年末实际 GDP/各省份年末总人口的均值为 1. 951，第二产业产值与地区 GDP 之比为 44. 312，能源消费总额与 GDP 之比为 38. 298，石化能源消耗与总能源消耗之比为 69. 183，进出口贸易总额与 GDP 之比为 10. 17，非农业户口人口占总人口的比重为 12. 987，从业人员受教育平均年限为 7. 664。

5.2.2.2　西部地区工业碳排放回归结果分析

（1）西部地区工业碳排放影响因素回归结果分析。

为了得到更好的估计结果，本书使用了三种建模方法及不同的估计方法：固定效应模型（FE）、随机效应模型（RE）和可行广义最小二乘法（FGLS），估计及检验结果见表 5 - 6。

表 5 - 6　　　　　　　　西部地区工业碳排放影响因素回归结果

被解释变量	PCO_2			GCO_2		
估计方法	FE	RE	FGLS	FE	RE	FGLS
YI	0. 0122 *** (3. 45)	0. 0133 ** (2. 05)	0. 0460 *** (5. 50)	− 0. 0336 *** (− 4. 11)	0. 0398 *** (4. 96)	− 0. 0608 *** (− 25. 38)
IS	− 0. 0001 *** (− 8. 21)	− 0. 0001 *** (− 8. 53)	− 0. 0008 *** (− 11. 17)	− 0. 0009 * (− 1. 84)	− 0. 0009 *** (− 2. 74)	− 0. 0001 *** (− 3. 61)
ES	− 0. 0031 *** (− 4. 76)	− 0. 0036 *** (− 5. 94)	− 0. 0044 *** (− 13. 25)	− 0. 0023 *** (− 3. 60)	− 0. 0029 *** (− 4. 81)	− 0. 0040 *** (− 14. 33)
EI	− 0. 0006 (− 1. 22)	− 0. 0029 ** (− 1. 98)	− 0. 0001 (− 0. 15)	− 0. 0033 * (− 1. 07)	0. 0006 (− 1. 22)	− 0. 0029 ** (− 1. 98)
PD	0. 0029 *** (2. 29)	0. 0042 *** (4. 82)	0. 0041 *** (6. 18)	0. 0039 *** (4. 32)	0. 0028 *** (4. 46)	0. 0018 *** (6. 73)
OP	0. 0039 ** (2. 19)	0. 0035 * (1. 88)	0. 0015 ** (2. 08)	− 0. 0002 (− 0. 19)	− 0. 0034 * (− 1. 87)	− 0. 0046 ** (− 3. 13)
CI	0. 0031 *** (2. 89)	0. 0047 *** (5. 81)	0. 0045 *** (7. 82)	0. 0041 *** (3. 92)	0. 0032 *** (3. 42)	0. 0019 *** (5. 65)
样本容量（个）	189	189	189	189	189	189
Wald 检验	328. 46 ***	328. 46 ***	328. 46 ***	99. 05 ***	99. 05 ***	99. 05 ***
Woolridge 检验	27. 37 ***	27. 37 ***	27. 37 ***	18. 93 ***	18. 93 ***	18. 93 ***
Frideman 检验	2. 54 **	2. 54 **	2. 54 **	5. 49 ***	5. 49 ***	5. 49 ***
调整 R^2	0. 6756	0. 7222	0. 7558	0. 5847	0. 7053	0. 8206
联合显著检验	57. 77 ***	217. 10 ***	367. 17 ***	32. 96 ***	207. 66 ***	189. 26 ***
AIC	− 72. 60	− 37. 08	− 77. 94	− 66. 02	− 44. 29	− 70. 75
SIC	− 34. 83	− 29. 52	− 41. 58	− 35. 74	− 18. 19	− 39. 17

注：所有解释变量的联合显著性检验在 FE 模型中为 F 检验，在采用 RE 模型和 FGLS 时为 Wald 检验；括号中为 Z 统计值；*** 、** 、* 分别表示在 1%、5%、10% 水平上显著。

从表 5 - 6 可以看出，经济发展、产业结构、能源结构、能源强度、人口密集度、对外开放程度和城镇化水平都会引起西部地区工业碳排放量的变化。以人均碳排放量中的固定效应回归结果为例，当上述因素发生 1% 的变动时，分别会引起西部地区工业碳排放 1.22%、−0.01%、−0.31%、−0.06%、0.29%、0.39% 和 0.31% 的变化。其中，经济发展、人口密集度、对外开放程度和城镇化水平这四个因素对西部地区工业碳排放起着促进作用；而产业结构、能源结构、能源强度则起着抑制工业碳排放的作用。在影响西部地区碳排放的七个因素中，经济发展水平对促进碳排放的作用最大，其次是对外开放程度，人口密集度对促进工业碳排放影响较小；在抑制工业碳排放的因素中，能源结构调整对碳排放的影响最大，能源效率和产业结构的调整相对而言对碳排放的抑制作用较小。同样，以碳排放强度为被解释变量时，利用其他两种回归方式进行回归时，得出的结论基本一致。同时，不管是静态面板模型还是动态面板模型，系数的差距并不大，说明了回归结果有较高的稳健性。

（2）西部地区三大区域碳排放影响因素的回归结果分析。

根据第 3 章碳排放的聚类分析，将西部地区划分为高值低效区、中值中效区和低值高效区三大区域。其中，高值低效区包括内蒙古、陕西和新疆 3 个省份，中值中效区包括广西、四川、贵州、甘肃、宁夏和青海 6 个省份，低值高效区包括云南和重庆 2 个省份。相应数据按照上述三大区域进行汇总处理后，依据相应变量的定义重新进行计算。表 5−7 展示了以人均碳排放量（PCO_2）为被解释变量的三大区域碳排放影响因素的回归结果。

表 5−7　　　西部三大区域碳排放影响因素的回归结果（PCO_2）

变量	高值低效区	中值中效区	低值高效区
YI	0.0481 *** （3.92）	0.0464 *** （5.78）	0.0455 *** （5.40）
IS	0.0009 * （1.51）	−0.00171 *** （4.65）	−0.0018 *** （6.66）
ES	−0.0021 * （4.31）	−0.0012 ** （2.08）	−0.0028 ** （2.17）
EI	−0.0039 ** （2.45）	−0.0028 ** （2.82）	−0.0025 *** （7.17）
OP	0.0028 ** （1.99）	0.0025 *** （7.17）	0.0029 （0.17）

续表

变量	高值低效区	中值中效区	低值高效区
PD	0.0037 *** (6.28)	0.0036 *** (6.39)	0.0021 ** (2.93)
CI	0.0036 ** (2.22)	0.0038 ** (2.27)	0.0029 *** (4.96)
常数项	0.7704 * (1.87)	0.6691 (0.69)	0.5044 *** (2.62)
样本容量（个）	54	108	36
修正 Wald 检验	241.04 ***	241.04 ***	241.04 ***
Woolridge 检验	20.34 ***	20.34 ***	20.34 ***
Frideman 检验	1.12 *	1.12 *	1.12 *
Frees 检验	10.89 *	10.89 *	10.89 *
Pesaran 检验	2.26 **	2.26 **	2.26 **
调整 R^2	0.9644	0.9104	0.7416
联合显著检验	37.70 ***	175.67 ***	419.90 ***
AIC	3.21	1.45	−0.78
SIC	5.38	2.94	0.21

注：所有解释变量的联合显著性检验在 FE 模型中为 F 检验，在采用 RE 模型、FGLS 方法以及 GMM 方法时为 Wald 检验；括号中为 Z 统计值；*** 、** 、* 分别表示在 1%、5%、10% 水平上显著。

从表 5-7 可以看出，当以人均碳排放量为被解释变量时，经济发展、产业结构、能源结构、能源强度、人口密集度、对外开放程度和城镇化水平都会引起西部地区三大区域的工业碳排放量的变化，但影响幅度并不相同。经济增长对高值低效区、中值中效区和低值高效区碳排放的影响分别为 0.0481、0.0464 和 0.0455，对高值低效区的正向促进作用最大，对低值高效区的影响最小；产业结构调整对中值中效区和低值高效区碳排放的负向减排效应分别为 −0.171% 和 −0.18%，但对高值低效区却产生了正向的促进作用；能源结构和能源强度对三大区域的碳排放都起到了负向的减缓作用，相对而言, 对高值低效区的作用更强一些, 对中值中效区的作用次之, 对低值高效区的作用最小; 对外开放程度、人口密集度和城镇化水平强化了工业碳排放水平, 从作用程度来看, 对高值低效区和中值中效区工业碳排放的影响更大, 对低值低效区的影响相对较小。

表 5 - 8 展示了以碳排放强度为被解释变量的三大区碳排放影响因素的回归结果。从表 5 - 8 可以看出, 当以碳排放强度为被解释变量时, 经济发展、产业结构、能源结构、能源强度、人口密集度、对外开放程度和城镇化水平都会引起西部地区三大区域的工业碳排放量的变化, 影响幅度和影响程度与被解释变量为人均碳排放量结论基本一致。

表 5 - 8   西部三大区域碳排放影响因素的回归结果 (GCO_2)

变量	高值低效区	中值中效区	低值高效区
YI	0.0462 *** (-2.71)	0.0380 *** (2.73)	0.0426 ** (2.54)
IS	0.0175 *** (-3.58)	-0.0218 ** (-2.35)	-0.0018 ** (-2.08)
ES	-0.0041 *** (-5.30)	-0.0016 *** (-3.99)	-0.0029 ** (-2.30)
EI	-0.0012 *** (-2.42)	-0.0017 *** (-3.06)	-0.0018 ** (-1.98)
PD	0.0015 ** (-2.32)	0.0035 *** (2.59)	0.0036 * (1.75)
OP	0.0011 (-1.26)	0.0023 *** (3.00)	0.0026 ** (3.13)
CI	0.0029 * (1.83)	0.0028 * (1.76)	0.0034 *** (3.07)
常数项	0.0048 * (1.88)	0.0043 (0.5)	0.1827 ** (2.24)
样本容量	54	108	36
修正 Wald 检验	25.54 ***	25.54 ***	25.54 ***
Woolridge 检验	55.76 ***	55.76 ***	55.76 ***

续表

变量	高值低效区	中值中效区	低值高效区
Frideman 检验	1. 14*	1. 14*	1. 14*
Frees 检验	4. 81***	4. 81***	4. 81***
Pesaran 检验	8. 12***	8. 12***	8. 12***
调整 R^2	0.6911	0.9041	0.8622
联合显著检验	6. 65***	39. 37***	48. 48***
AIC	−5. 67	−6. 74	−11. 55
SIC	−2. 19	−3. 33	−8. 17

注：所有解释变量的联合显著性检验在 FE 模型中为 F 检验，在采用 RE 模型、FGLS 方法以及 GMM 方法时为 Wald 检验；括号中为 Z 统计值；***、**、*分别表示在1%、5%、10%水平上显著。

从静态面板模型来看，不管是固定效应模型（FE），还是随机效应模型（RE），无论是以人均碳排放量或是碳排放强度为被解释变量，模型的回归结论并未发生实质性变化，回归结果较为稳健。

5.3 本章小结

从地区差异的角度研究西部地区工业碳排放的影响因素，对于实现西部地区环境协同治理具有重要的理论及实践意义。本章基于 KAYA 恒等式的碳排放强度拓展模型，采用 LMDI 分解法对1998～2015年西部地区工业碳排放强度的变化进行分解，分析了经济发展、产业结构、能源强度和能源结构等因素对碳排放强度的动态影响程度。在此基础上，利用回归方程分解方法，从省际视角对西部地区三大区域1998～2015年二氧化碳排放的影响因素进行了定量解释。

本章研究发现，经济发展是西部地区工业碳排放增长的最为重要的驱动因素，能源效率和能源结构调整是抑制西部地区工业碳排放增长的主要因素。此外，产业结构变动对碳排放强度的作用有正有负，对于不同省份的碳排放的影响虽有所差别，但总体上促使了碳排放强度的增加。

　　从西部地区的省份情况来看，西部各个省份工业碳排放强度的影响因素分解呈现明显差异。就经济增长效应来看，西部各省份经济增长对碳排放强度变化的影响效果均为正，内蒙古经济增长对碳排放强度变化的影响最大，新疆经济增长对碳排放强度变化的影响最小；从产业结构效应来看，内蒙古、陕西和宁夏碳排放的产业结构效应为正；在产业结构效应为负的省份中，产业结构调整对四川碳排放强度下降的促进作用最大，对青海碳减排促进作用最小。从能源强度效应来看，只有青海和宁夏为正，其余省份的碳排放强度变化效应均为负，说明青海和宁夏的碳排放效率、节能减排技术等方面没有提升，其他省份包括内蒙古、陕西、重庆、四川、贵州、云南、甘肃、广西和新疆能源强度为负，说明这些地区节能减排技术提高了能源利用效率，减少了碳排放量。相对而言，能源强度效应最高的为内蒙古，效应最低的为广西。西部各省份能源结构效应累积贡献全部为负，陕西能源结构效应最高，其次为甘肃，其能源结构调整的效应分别为 - 0. 2731 吨/万元和 - 0. 205 吨/万元。能源结构碳减排效应最小的是云南和重庆，原因在于这两个省份原本煤炭、石油等化石能源的使用相对较少。

　　从分区域研究结果来看，三大区域中，经济发展对碳排放均有较强的正向驱动效应，且高值低效区经济增长对碳排放强度的正向效应最大，低值高效区的经济增长对碳排放的正向效应最小，中值中效区经济增长的碳排放效应介于二者之间；产业结构调整对三大区域的影响效应均为负，高值低效区、中值中效区和低值高效区的行业结构效应贡献率分别为 - 253. 81%、- 205. 4% 和 - 144. 14%，这说明产业结构的优化对高能耗行业的作用远远大于低能耗行业；1995 ~ 2015 年三大区域能源强度整体上表现为对碳排放的抑制作用，中值中效区能源强度对碳排放的抑制作用较大，低值低效区能源强度效应较弱。1998 ~ 2015 年三大区域能源结构效应有较大波动，低值高效区能源结构效应始终为负，高值低效区能源结构效应实现了由正转负，低值高效区能源结构改善动力较小。

　　从回归的结果来看，经济发展、产业结构、能源结构、能源强度、人口密集度、对外开放程度和城镇化水平都会引起西部地区工业碳排放量的变化。其中，经济发展、人口密集度、对外开放程度和城镇化水平这四种因素对西部地区工业碳排放起着促进作用；而产业结构、能源结构、能源强度则起着抑制工业碳排放的作用。在影响西部地区碳排放的七个因素中，经济发展水平对碳排放增加的促进作用最大，其次是对外开放程度，人口密集度对工业碳排放增长的影响较小；在抑制工业碳排放的因素中，能源结构调整对碳排放减少的作用最大，产业结构的调整对碳排放的抑制作用最小。

从分区域的回归结果来看，经济发展、产业结构、能源结构、能源强度、人口密集度、对外开放程度和城镇化水平都会引起西部三大区域的工业碳排放量的变化，但影响幅度并不相同。经济增长对高值低效区的正向促进作用最大，对低值高效区的影响最小；产业结构调整对中值中效区和低值高效区碳排放具有负向减排效应，但对高值低效区却产生了正向的促进作用；能源结构和能源强度对三大区域的碳排放都起到了负向减缓作用，相对而言，对高值低效区的作用更强一些，对中值中效区的作用次之，对低值高效区的作用最小；对外开放的程度、人口密集度和城镇化水平强化了工业碳排放水平，从作用程度来看，对高值低效区和中值中效区工业碳排放的影响更大，对低值低效区的影响相对较小。

第 6 章

环境规制对西部地区工业碳排放的影响研究

当前严峻的环境污染问题已成为制约经济增长的"瓶颈",解决环境污染问题迫在眉睫。党的十九大报告指出,我国社会的主要矛盾已经转化为人民日益增长的美好生活需要和不平衡不充分的发展之间的矛盾。人民群众日益增长的对优美生态环境的需要与更多优质生态产品的供给能力不足之间的矛盾日益突出。2019 年,政府工作报告中提出要大力推进绿色发展,要改革完善相关制度,协同推动高质量发展与生态环境保护。

环境规制体系是中国环境管理正式制度中最为重要的政策体系,建立并完善环境规制体系,是实现经济健康发展和生态环境改善双重目标的基本手段,也是现阶段推动中国经济高质量发展的必由之路。政府合理有效的环境规制是驱动企业环境技术创新的重要保障,也是解决工业企业"三高"问题、切实加快碳减排步伐的重要措施。

对于环境规制的政策效果,学术界一直存在争议。"遵循成本说"认为环境规制增加了企业的成本,并对经营收益产生了不利影响,从而损害企业的生产率和竞争力(Cropper and Oates,1992;Jaffe and Palmer,1997;Boyd and McClelland,1999;Sinn,2008;Rassier and Eamhart,2010;柴泽阳和孙建,2016;任小静等,2018);"波特假说"则认为,严格恰当的环境规制能够激发企业改进生产工艺流程和技术创新,最终会提高企业生产效率和市场竞争力,实现环境保护和经济增长的双赢(Porter,1995;Hamamoto,2006;Telle and Larsson,2007;张成等,2011;夏勇和钟茂初,2016)。随着研究的细致化和深入化,一些学者发现,环境规制对碳排放绩效的影响并非简单的"遵循成本说"和"波特假说"关系,而是呈现出"U"型、"J"

型等非线性关系，并且因地区差异和时间维度不同而表现出不同的关系（Boyd and McClelland，1999；Testa et al.，2011；沈能，2011；李树和陈刚，2013；陈超凡等，2018；龙小宁和万威，2017；李斌和曹万林，2017）。随着环境规制工具多样化，学者们还就不同类型的环境规制对环境绩效产生的不同影响展开激烈的讨论，市场型环境规制工具的激励效果优于命令型环境规制已成为普遍的认知（Villegas C. and Coria J.，2010，聂爱云和何小钢，2012；许晓燕等，2013）。但是，由于不同的市场型环境规制工具其灵活性和激励性各有侧重，且不同工业行业在资源消耗、污染排放等方面存在明显的异质性，不同的企业在生产成本、技术创新等方面也存在明显的异质性，从而导致不同环境规制工具的政策效果会因地区差异而存在一定的不同（Tung et al.，1996；李云雁，2012；黄清煌和高明，2016；彭星和李斌，2016）。

由上可知，不同类型环境规制对工业绿色转型和工业碳排放的影响效应有较大差别，不同地区在同一环境规制工具下也会有不同的碳减排效应。中国幅员辽阔，区域发展不平衡特征明显，东部地区的碳排放强度远远低于全国平均水平，而中、西部地区的碳排放强度则明显高过全国平均水平，西部地区碳排放强度甚至更高。相对于东部地区而言，我国西部地区拥有更多的能源，资源赋存与能源消费存在明显的地域空间背离。在中国经济增速换挡、结构优化和创新驱动的新常态背景下，从西部地区的现实情况出发，从理论上揭示环境规制对企业节能减排的内在作用机理，从实证角度探明不同环境规制工具对西部不同地区的环境绩效的动态影响，并有针对性地设计实施有差别化的环境规制，对于政府建立适合西部地区发展的"有差别的""分而治之"的梯次式环境规制体系具有重要意义，对于中国实现高质量增长，走出一条"创新、协调、绿色、开放、共享"的发展道路也具有重要意义。

6.1 环境规制强度与西部地区工业碳减排绩效

6.1.1 理论分析与研究假设

从微观的角度来看，环境规制对碳减排绩效的影响可以概括为三种：一是"遵循成本说",认为环境规制增加了企业成本,降低了企业的竞争力和减排绩效;二是"波特假说",该理论认为环境规制激发了企业的技术创新,从而提高企业生产效率和市场竞争力;三是"不确定性假说",即环境规制对减排绩效的影响存在不确定性,会受时间因素、所处行业和地区差异等多种因素的影响。

"遵循成本说"认为环境规制的约束会增加企业环境治理成本,这部分新增成本会挤出技术创新和产品研发成本,进而对企业的市场竞争力和企业绩效产生负面影响(Jafeetal and Palmer,1997;Ramanathan R. et al.,2010;Kneller and Manderson,2012)。有学者以美国造纸、石油与钢铁行业为研究样本,发现相比较于未受环境规制的企业,受环境规制约束的企业生产效率和生产率增长率更低,排污成本的增加导致较高的生产效率的损失,从而证实了"遵循成本说"(Gray and Shadbegian,1993,1998)。另外,严苛环境规制不利于企业使用污染较重的技术,减排较多的企业倾向于减少生产性投资(Gray and Shadbegian,1998;Boyd and McClelland,1999)。有学者通过使用方向性距离函数方法,利用1995年以来的西班牙瓷砖生产商数据,研究发现不受环境规制制约时,企业的污染治理成本为零,企业总产出将会增加7.0%,但在环境规制的制约下,企业治理污染需要额外追加成本,此时企业的产出仅增加了2.2%,也就是说,企业达到政府环境要求是以牺牲产出增长为代价的(Andres et al.,2005)。环境规制越严格,企业利润降低就越明显,政府规制强度越大,全要素生产率越低,外部经济负效应越明显,环境规制存在显著的"绿色悖论"(Rassier and Eamhart,2010;王旭辉,2016;柴泽阳和孙建,2016;任小静等,2018)。环境规制除了影响静态成本之外,从动态的角度看,企业生产投资的不可逆转性以及政府规制的不确定性还会进一步减小企业的投资水平,进而降低企业产出(Viscusi,1983)。

恰当的环境规制能够激发企业的技术创新和产品研发,这种技术创新能够部分甚至完全抵消成本增加劣势,从而提高企业的核心竞争力和经营绩效(Porter,1995),这一理论被称为"波特假说"。后续一些学者的研究结论证实了"波特假说"的正确性(Managi et al.,2005;Hamamoto,2006;Iraldo et al.,2009)。有学者利用OECD中7个工业化国家超过4000家公司的调研数据进行研究,实证结果表明环境规制与环境创新两者之间存在显著的正相关关系（Lanoie et al.，2011）。有学者证实了环境质量认证体系能够在长期促进中国台湾企业创新水平和经营绩效的提高（Teng et al.，2014）。还有一些学者的研究结论也表明，环境规制强度与企业生产率之间存在着稳定、显著的正向关系，高强度的污染控制政策能促进企业节能减排，实现环保投入与生产率"双赢"（张三峰和卜茂亮，2011；李树和陈刚，2013；何玉梅等，2018；宓泽锋和曾刚，2018）。

从宏观的角度来看，一方面，环境规制能够通过对生产规模的调整来提高企业的集中度进而限制产出（Markusen et al.，1991；Conrad，2005）；另一方面，环境规制可以通过设置进入障碍、抑制产业成长和重新配置相关企业的市场配额来影响市场结构（Pashigian，1984；Blair and Hite，2005）。学者们就环境规制影响产业结构升级的机理进行的研究涉及多种角度，有的认为环境规制强度的增加可以促使企业排污量减少，随着产业中技术复杂度的提高，产业层次会进一步上升，产业终将实现优化升级（韩晶等，2014）；有的认为环境规制能够通过筛选效应、内部和外部技术溢出效应，促使绿色经济效率依靠"扩散效应"和"极化效应"产生空间联系，进而影响区域产业结构升级（钱争鸣和刘晓晨，2014）；还有的认为环境规制能够通过对消费需求、投资需求、技术创新和 FDI 的影响间接影响产业结构升级（肖兴志和李少林，2013；谢婷婷和郭艳芳，2016）。此外，谭娟（2013）建立了政府环境规制投入与碳排放总量的 VAR 模型，得出政府环境规制的程度对碳排放量产生较大影响，但近年来对碳排放总量增长的抑制作用明显减弱，甚至不产生影响的结论。王怡（2013）证实，环境规制强度是碳排放量的格兰式因果检验的原因之一。

改革开放之后，中国环境规制强度呈上升趋势，且东部地区环境规制强度要高于中部地区，中部地区又略高于西部地区，各省份之间环境规制强度也有较为明显的差别（宋琳和吕杰，2017）。由于环境规制存在地区差异，发展中国家和欠发达地区较低门槛环境规制将导致污染产业由发达国家（地区）逐步向欠发达国家（地区）转移，从而使发展中国家和欠发达地区成为"污染天堂"（Walter and Ugelow，1979）。相对东部地区，中、西部地区由于劳动成本和技术水平较低，加之环境规制存在差异，从而呈现出劳动密集型产业和重污染产业向中、西部地区转移的趋势（胡安俊和孙久文，

2014；曲玥等，2013；周游，2015；廖双红和肖雁飞，2017），这种由地区发展不平衡产生的产业转移也伴随着污染转移，中、西部地区成为"污染天堂"（林伯强和皱楚沅，2014；董琨和白彬，2015；潘安，2017；袁红林等，2018）。李斌和曹万林（2017）通过对循环经济绩效理论模型的分析发现，基于生态创新视角下的循环经济绩效在我国东、中、西部地区发展不均衡，政府的环境规制行为对中、西部地区的循环经济绩效的"U"型影响在统计上是显著的，但对于东部地区的影响是不显著的。

基于此，本书提出如下假设：

H1a：环境规制强度与西部工业地区碳减排绩效呈"U"型关系。

H1b：环境规制强度对西部不同地区碳减排绩效会产生不同的作用效果。

6.1.2　变量定义与模型设定

6.1.2.1　变量定义

（1）被解释变量：环境绩效（EF）。

在借鉴已有文献的基础上，采用 DEA – SBM 模型度量西部地区工业碳减排绩效。DEA – SBM 模型属于非径向模型，它假定生产系统有 n 个决策单元，有三个投入产出向量：资源能源投入、期望产出、非期望产出。

含有非期望产出的 SBM 模型：

$$EF = \min \frac{1 - \frac{1}{m} \sum_{i=1}^{m} x_i}{1 + \frac{1}{s_1 - s_2} \left\{ \sum_{r-1}^{s_1} \frac{s_r^g}{y_r^g} + \sum_{r-1}^{s_2} \frac{s_r^b}{y_m^b} \right\}}$$

$$s.t$$

$$x_0 = X\lambda + \bar{s},$$

$$y_0^g = Y^g\lambda - s^z, \tag{6.1}$$

$$y_0^b = Y^b\lambda + s^b$$

$$s^- \geqslant 0, \ s^z \geqslant 0, \ s^b \geqslant 0, \ \lambda \geqslant 0$$

其中，$\bar{s}$、s^g、s^b 分别表示资源能源投入、期望产出、非期望产出的松弛变量；λ 是权重向量；s_1 为期望产出的个数；s_2 为非期望产出的个数。目标函数

西部地区工业碳排放地区差异与环境规制优化研究
Regional Differences in Industrial Carbon Emissions and Environmental Regulation Optimization in Western China

EF 是关于 $\bar{s}$、s^g、s^b 严格递减的，并且 $0 \leqslant EF \leqslant 1$。对特定的评价单元，当且仅当 $ER = 1$，即 $s^- = 0$，$s^g = 0$，$s^b = 0$ 时 DEA 有效，即投入产出已达最优。

考虑非期望产出的 SBM 模型可能会出现多个决策同时有效的情况，从而不便于对这些决策单元进行区分和排序。若测算结果出现多个决策单元同时有效，本书将运用考虑非期望产出的 Super – SBM 模型予以解决。一个排除了决策单元 (x_0, y_0) 的有限可能性集为：

$$P(x_0, y_0) = \left\{ (\bar{x}, \bar{y}^g, \bar{y}^b) \mid \bar{x} \geqslant \sum_{i=1}^n \lambda_i x_i, \; \bar{y}^b \leqslant \sum_{i=1}^n \lambda_i y_i^g, \right.$$

$$\left. \bar{y}^b \geqslant \sum_{i=1}^n \lambda_i y_i^b, \; \bar{y}^g \geqslant 0, \; \lambda \geqslant 0 \right\} \tag{6.2}$$

考虑非期望产出的 Super – SBM 模型（变动规模报酬情况）的模型为式（6.3）：

$$EF = \min \left\{ \frac{\dfrac{1}{q} \sum\limits_{i=1}^q \dfrac{\bar{x}_i}{x_{i0}}}{\dfrac{1}{u_1 + u_2}\left(\sum\limits_{r=1}^{u_1} \dfrac{\bar{y}_r^g}{y_{r0}^g} + \sum\limits_{i=1, \neq 0}^n \dfrac{\bar{y}_l^b}{y_{l0}^b} \right)} \right\}$$

$$s.t. = \bar{x} \geqslant \sum_{i=1, \neq 0}^n \lambda_i x_i, \; \bar{y}^b \leqslant \sum_{i=1, \neq 0}^n \lambda_i y_i^g$$

$$\bar{y}^b \geqslant \sum_{i=1, \neq 0}^n \lambda_i y_i^b, \; \bar{x} \geqslant x_0, \; \bar{y}^g \leqslant \bar{y}_0^g, \; \bar{y}^b \geqslant y_0^b$$

$$\sum_{i=1, \neq 0}^n \lambda_i = 1, \bar{y}^g \geqslant 0, \lambda \geqslant 0 \tag{6.3}$$

其中，EF 为目标效率值，其他变量含义同式（6.1）。

本书选择投入产出指标共 5 个，其中，投入变量包括资本投入、劳动力投入和能源投入。资本投入：本书选取各地区全社会固定资产投资额（单位：亿元）作为资本投入的代理变量；劳动力投入：以各省份城镇单位从业年末人数（单位：万人）表征劳动力投入；能源投入：本书选取各地区能源消费总量（单位：万吨）来衡量。产出变量包括期望产出和非期望产出。期望产出主要指制造业经济产出，因此本书选取西部地区各省份实际 GDP 总额（单位：亿元）作为期望产出。非期望产出以西部地区各省份工业废气（单位：亿标立方米）、废水（单位：万吨）、固体废物排放量（单位：万吨）来衡量。

（2）解释变量：环境规制强度（ER）。

关于环境规制的指标选取，很多学者采取了不同的方法和指标。环境规制的度量方法有单一指标法，即采用单个指标来衡量环境规制，包括环境规制政策、环境治理投入、环境政策绩效指标（张成等，2011）。其中一些学者采取工业污染治理设施运行费用来衡量环境规制强度（许水平等，2016），也有一些学者采取工业污染治理投资额来衡量环境规制强度。本书采用了工业污染治理投资额/工业增加值来衡量环境规制强度。

（3）控制变量。

①经济发展水平（GDP）。经济水平发达的地区，资本雄厚、基础设施便利，容易获取到高质量的劳动力资源，一般而言，其制造业的能源生态效率也会较高。例如，当前经济发达的国家，更有能力应对环境挑战，一般生态环境较为优越。20世纪70年代以来，德国制定和通过了关于环境保护的法律就有2000多项。本书选取西部各省份人均GDP作为经济发展水平的代理变量，人均GDP取对数。

②研发投入（R&D）。技术进步一方面可以提高资源利用率和生产效率，降低生产成本，提升企业的市场竞争力；另一方面，先进技术（如云计算、AI、3D打印、工业智能化）有利于高端制造行业的发展，进而推动制造业的转型升级。一般而言，企业研发经费支出越多，代表技术革新越快，越能提高能源生态效率。因此，本书选取西部各省份R&D支出与GDP的比值作为研发投入的代理变量。

③能源消费结构（EN）。煤炭是公认的"最不清洁能源"，燃煤过程中会产生大量的温室气体和有毒物质，对大气造成严重污染。由于我国富煤、贫油气，2018年煤炭消费所占比重依然维持在60%左右，优化能源消费结构任重道远。因此，本书选取西部各省份制造业煤炭消费量与制造业能源消费总量的比值来代表能源消费结构，并假定该变量对制造业能源生态效率呈显著负影响。

④劳动力素质（LAB）。已有文献研究表明，高质量的劳动力素质对能源生态效率有显著的促进作用，我国制造业的转型升级离不开高知识型人才。本书选择平均受教育年数来衡量劳动力素质，参照彭国华的计算方法：劳动力平均接受教育年数＝文盲、半文盲的就业人口比重×1.5＋接受小学

教育的就业人口比重×7.5 + 接受初中教育的人口比重×10.5 + 接受高中教育的人口比重×13.5 + 接受大专及以上教育的就业人口比重×17。

⑤外商直接投资（FDI）。一般来说，外商直接投资的资金都是来源于国外的跨国公司，它们拥有雄厚的资金、先进的技术和高级管理人才，跨国公司在投资我国相关企业的同时也会带来先进的排污技术和先进的污染物处理设备。因此，我国可以通过引入外资学习其先进排污技术，从而提高资源的利用效率和提高自身的治污水平，降低我国的环境污染水平。本书假定，FDI与我国的环境质量存在正相关关系，即 FDI 的引入可以促进我国环境质量的提高，表现在变量之间的关系则为 FDI 的引入有利于我国人均二氧化碳排放的减少。

⑥能源强度（EI）。能源强度为单位 GDP 产出所需能源消费量，其值为能源消费总量与 GDP 之比。在技术没有取得较大进步时，能源消费的强度越大，二氧化碳的排放量也就越大。因此，能源强度与二氧化碳的排放量具有正相关关系。

⑦国际贸易（Trade）。在宏观层面，国际贸易主要通过影响供给和需求来影响产业结构变化，而在微观层面，国际贸易主要依靠改变商品结构来影响产业结构调整。基于数据易得性的考虑，本书参照徐蜻和孟娟（2016）的做法，选用"贸易开放度"指标进行表征，其计算公式为：贸易开放度 = 进出口总额/国内生产总值。

⑧产业结构升级（Cysj）。基于"经济服务化"过程中的一种典型事实，第三产业的增长率快于第二产业的增长率（吴敬琏，2008），本书选用第三产业增加值与第二产业增加值之比作为产业结构升级的指标。这一做法能够较为清楚地刻画出经济结构的服务化倾向，可以明确揭示一个经济体的产业结构是否正朝着"服务化"的方向发展。

⑨技术创新（Tech）。技术创新对产业结构的影响大致可以分为以下两个方面：一方面，技术创新会使生产力不断提高，生产力的持续提高会使社会分工进一步深化并形成新的产业分工，进而影响产业结构；另一方面，技术创新会促进劳动生产率的增进，而由于产业特征不同会使不同产业的劳动生产率提高呈现差异性，导致劳动力发生转移，进而使产业结构发生变化。正是基于这两个方面的影响和作用，产业内部的生产要素构成日益高级化和服

务化，进而不断推动产业结构的优化升级。对于技术创新水平的衡量，本书借鉴肖兴志和李少林（2013）的方法，使用经 Malmquist 生产率指标测算后的西部各省份 1998～2015 年技术进步率的面板数据表征，其中产出指标为消胀后的西部各省份国内生产总值，投入指标简化为资本和劳动两种，资本投入为西部各省份资本存量，劳动投入为各地区年末从业人口数。值得说明的是，由于技术进步率指数是一种环比改进指数，为了更真实地反映各地区的技术进步状况，本书以初始年份为基础将技术进步率指数换算为定比改进指数。

6.1.2.2　模型的设定

本书选用面板分位数模型来考察环境规制强度对西部地区工业节能减排效率及其差异的影响。借鉴师博和沈坤荣等（2013）的研究思路，本书建立如下计量模型来考查环境规制强度与工业碳排放绩效之间的关系。

$$EF_{it} = \beta_0 + \beta_1 ER_{ir} + \beta_3 X_{ir} + \varepsilon_{ir} \tag{6.4}$$

其中，i 和 t 分别表示省份和年份；EF 是被解释变量，代表碳减排绩效；ER 表示环境规制；X_{ir} 包含了除环境规制外其他一些影响碳减排效率的重要因素：经济发展水平、外商直接投资、技术创新、产业结构和能源消费结构。

为了增强回归结果的稳健性，本书采用克恩克和班色特（Koenker and Bassett，2002）构建的分位数回归模型。从理论上讲，由于分位数回归使用残差绝对值的加权平均作为最小化的目标函数，对极端值的敏感度远远小于均值回归，随着面板模型的发展，克恩克进一步将分位数回归方法结合到面板模型中，但在标准误估计方面仍不够全面。为此，本书借鉴张曙霄和戴永安的做法，通过面板数据的自抽样来弥补上述缺陷。

同时，为了找到最优环境规制强度，本书还借鉴汉森（Hansen，1999）的门槛面板模型考察环境规制对环境绩效的影响，构造如下双门槛模型：

$$EF_{it} = \alpha_0 + \alpha_1 ER_{it} I_{it}(th \leqslant r) + \alpha_2 ER_{it} I_{it}(th > r) + \alpha_i C_{it} + \varepsilon_{it} \tag{6.5}$$

双门槛模型构造成式（6.5）形式，多门槛模型则依此类推，需要根据门槛检验结果以确定门槛模型的最终形式，从而继续进行相应的估计和分析，构造如下模型：

$$EF_{it} = \alpha_0 + \alpha_1 ER_{it} I_{it}(th \leqslant r_1) + \alpha_2 ER_{it} I_{it}(r_1 < th \leqslant r_2)$$
$$+ \alpha_3 ER_{it} I_{it}(th > r_2) + \alpha_i C_{it} + \varepsilon_{it} \tag{6.6}$$

其中，*EF* 为工业碳排放环境效率；*th* 为门槛变量；*ER* 为环境规制变量，本书中的门槛依赖变量和门槛变量均为环境规制强度（*ER*）；*r* 为待估计的门槛值，即具体的环境规制强度；*I*（·）为指示函数；*C* 为影响环境效率的控制变量，包括经济发展水平（*GDP*）、研发投入（*R&D*）、能源消费结构（*EN*）、劳动力素质（*LAB*）等变量。

6.1.2.3 *数据来源*

本部分研究对象为中国西部地区的 11 个省份，研究的时间序列为 1998 ~ 2016 年，相关数据来自历年《中国环境统计年鉴》《中国环境科学年鉴》《中国统计年鉴》《中国科技统计年鉴》《中国工业经济统计年鉴》和《中国能源统计年鉴》，所有货币计量的变量均按 2000 的物价指数进行调整。利用 DEA Solver Pro 5.0 软件对投入、期望产出以及非期望产出进行处理，得出考虑非期望产出的 DEA – SBM 的环境效率值。

6.1.3 实证结果与分析

6.1.3.1 *描述性统计*

表 6 – 1 显示了 1998 ~ 2016 年考虑了能源投入和非期望产出条件下的西部地区环境绩效。总体来看，西部地区环境效率偏低，各省份的环境绩效的均值均低于全国平均值。以 2000 年为例，西部地区环境绩效的均值为 0.128，而全国平均水平为 0.219，可见，与东部等发达地区先进水平相比，我国西部地区在资源利用效率、质量效益等方面差距明显，转型升级任务紧迫而艰巨。从整体变化趋势看，无论是全国平均水平，还是西部各省份，环境绩效均呈现缓慢增长趋势，也就是说，西部地区工业碳减排虽然效率慢一些，但整体碳排放呈下降趋势，环境绩效呈逐年上升趋势。从西部地区各省份均值来看，环境绩效最好的为广西，其均值为 0.364，环境绩效最差的是宁夏，其均值为 0.167，前者是后者的 2 倍多。从整体的减排成果来看，内蒙古环境绩效的变动整体来看普遍较低，1998 年内蒙古环境绩效很差，其值为 0.171，但是，2016 年内蒙古环境绩效达到高峰，其值为 0.678，紧随其后的是重庆和四川（0.513 和 0.512），其他省份均低于 0.5。

表 6 - 1　　1998～2016 年西部地区工业碳减排绩效

省份	1998年	1999年	2000年	2001年	2002年	2003年	2004年	2005年	2006年	2007年	2008年	2009年	2010年	2011年	2012年	2013年	2014年	2015年	2016年	均值
甘肃	0.107	0.134	0.125	0.112	0.143	0.149	0.157	0.191	0.231	0.268	0.311	0.344	0.415	0.324	0.382	0.405	0.452	0.401	0.412	0.267
广西	0.145	0.205	0.195	0.174	0.196	0.190	0.176	0.213	0.250	0.277	0.333	0.397	0.550	0.465	0.582	0.634	0.887	0.553	0.499	0.364
贵州	0.090	0.120	0.119	0.115	0.133	0.140	0.156	0.182	0.206	0.226	0.256	0.280	0.334	0.254	0.303	0.295	0.426	0.435	0.428	0.237
内蒙古	0.171	0.200	0.133	0.155	0.364	0.157	0.179	0.164	0.210	0.201	0.209	0.313	0.331	0.324	0.459	0.478	0.646	0.582	0.678	0.313
宁夏	0.070	0.075	0.071	0.080	0.118	0.099	0.106	0.117	0.144	0.166	0.170	0.200	0.208	0.191	0.248	0.227	0.287	0.281	0.319	0.167
青海	0.094	0.078	0.077	0.086	0.122	0.107	0.138	0.140	0.186	0.185	0.186	0.242	0.242	0.210	0.220	0.198	0.263	0.272	0.282	0.175
陕西	0.238	0.128	0.112	0.126	0.275	0.134	0.157	0.154	0.201	0.210	0.242	0.365	0.284	0.340	0.410	0.372	0.465	0.418	0.451	0.268
四川	0.414	0.213	0.179	0.239	0.498	0.201	0.222	0.194	0.291	0.298	0.361	0.500	0.355	0.404	0.469	0.433	0.517	0.494	0.512	0.358
新疆	0.162	0.108	0.101	0.128	0.199	0.142	0.182	0.193	0.211	0.237	0.263	0.317	0.247	0.287	0.322	0.352	0.358	0.337	0.342	0.236
云南	0.205	0.174	0.142	0.173	0.285	0.181	0.199	0.195	0.222	0.256	0.305	0.390	0.352	0.443	0.511	0.546	0.525	0.453	0.448	0.316
重庆	0.244	0.202	0.157	0.190	0.291	0.173	0.174	0.182	0.201	0.229	0.277	0.350	0.284	0.362	0.426	0.520	0.552	0.487	0.513	0.306
均值	0.176	0.149	0.128	0.143	0.239	0.152	0.168	0.175	0.214	0.232	0.265	0.336	0.327	0.328	0.394	0.405	0.489	0.428	0.444	0.273
全国	0.262	0.243	0.219	0.205	0.335	0.223	0.229	0.229	0.284	0.285	0.325	0.438	0.466	0.407	0.481	0.481	0.619	0.513	0.506	0.355

为了更直观地分析各地区历年环境效率的变化趋势，本书依据表6-1测算结果绘制图6-1。由图6-1可知，1998～2016年我国西部地区的能源生态效率总体呈现上升趋势。

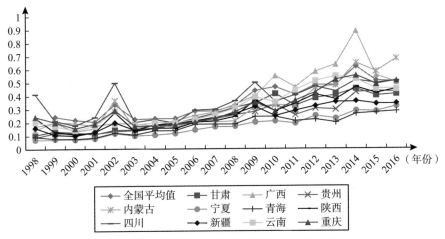

图6-1　西部地区工业碳减排绩效变化趋势

除环境效率之外，其他变量的描述性统计结果如表6-2所示。

表6-2　　　　　　　　　　　主要变量的描述性统计

变量	观测值	均值	标准差	最小值	最大值
EF	209	0.276	0.146	0.070	0.887
ER	209	1.692	1.482	0.061	6.017
GDP	209	1.914	1.566	0.236	7.206
R&D	209	3.162	1.503	0.117	6.334
EN	209	0.729	0.266	0.260	1.420
LAB	209	7.664	0.919	4.906	9.594
FDI	209	0.357	45.286	0.136	1.843
EI	209	0.383	7.979	0.126	0.529
Trade	209	0.435	65.053	0.137	0.891
Cysj	209	0.875	41.431	0.494	3.367
Tech	209	0.928	0.358	0.056	2.764

从表 6 - 2 可以看出，环境规制强度（ER）的均值为 1.692，经济发展水平（GDP）的均值为 1.914，研发投入（R&D）均值为 3.162，能源消费结构（EN）均值为 0.729，劳动力素质（LAB）均值为 7.664，外商直接投资（FDI）均值为 0.357，能源强度（EI）均值为 0.383，进出口国际贸易占 GDP 总额的比重（Trade）为 0.435，产业结构升级系数（Cysj）均值为 0.875，技术创新水平（Thch）均值为 0.928。

6.1.3.2　回归结果分析

（1）环境规制强度与西部地区工业碳减排绩效的回归结果分析

考虑到分位数回归不仅利于排除极端值的干扰，而且能够全面刻画出条件分布的全貌，本书选择 5 个具有代表性的分位点（10%、25%、50%、75% 和 90%）对节能减排效率方程进行估计。此外，为对比现有文献中的传统面板模型，本书使用 OLS 估计初步探讨环境规制与节能减排效率的关系，相应的估计结果如表 6 - 3 所示。

表 6 - 3　　　环境规制强度对西部地区工业碳减排绩效的回归结果

解释变量	10%	25%	50%	75%	90%	OLS
ER	0.155 *** (4.15)	0.159 *** (2.49)	0.148 *** (2.72)	0.169 *** (2.93)	0.186 *** (5.78)	0.376 *** (5.031)
GDP	0.155 *** (9.19)	0.154 *** (6.16)	0.117 *** (5.31)	0.109 *** (3.80)	0.112 ** (5.24)	0.208 *** (4.122)
R&D	- 0.208 *** (- 4.564)	- 0.056 * (1.998)	- 0.1598 *** (4.453)	- 0.208 *** (- 4.564)	- 0.254 *** (4.45)	- 0.120 * (3.561)
EN	- 0.041 ** (- 2.091)	- 0.025 (1.110)	- 0.055 ** (- 2.227)	- 0.063 ** (- 2.553)	0.038 *** (6.691)	- 0.1158 *** (4.013)
LAB	- 0.172 *** (- 6.904)	- 0.084 *** (- 2.882)	- 0.179 *** (- 5.044)	- 0.202 *** (- 3.922)	0.144 *** (4.182)	0.2469 *** (3.065)
FDI	0.036 *** (4.673)	0.052 *** (6.047)	0.055 *** (5.260)	0.058 *** (3.358)	- 0.062 ** (5.463)	0.058 *** (3.395)
EI	0.514 *** (3.233)	0.019 *** (4.758)	0.002 *** (4.547)	0.514 *** (3.233)	0.563 ** (2.53)	0.501 *** (4.826)

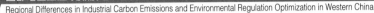

续表

解释变量	10%	25%	50%	75%	90%	OLS
Trade	0.022 *** (3.342)	0.026 *** (4.237)	0.015 *** (3.116)	0.023 *** (3.651)	− 0.035 ** (5.764)	0.031 *** (3.680)
Cysj	0.019 (1.074)	0.105 (1.137)	0.245 * (1.761)	0.0145 *** (5.074)	0.202 (3.92)	0.0928 *** (8.459)
Tech	0.024 *** (− 4.162)	− 0.019 ** (− 2.120)	− 0.013 * (− 1.653)	− 0.024 *** (− 2.863)	− 0.032 *** (− 2.862)	− 0.0211 *** (4.826)
_cons	0.015 *** (− 3.411)	− 0.127 *** − (4.326)	− 0.154 *** (− 5.915)	− 0.045 *** (− 3.903)	− 0.165 *** (− 4.928)	0.1928 *** (8.459)
$Adj - R^2$	0.2939	0.3275	0.4820	0.4480	0.4480	0.5682
N	209	209	209	209	209	209

注：***、**、*分别表示在1%、5%、10%水平上显著。

从表6-3可以看出，无论是OLS回归还是分位数估计，环境规制的系数均显著为正。这意味着伴随环境规制强度的提升，企业不仅能弥补遵循成本，而且可以提高企业进行技术创新的积极性，有利于节能减排效率的改善。从大样本的回归结果来看，环境规制回归系数为0.376，且在1%的水平上显著，说明环境规制强度的增加有利于西部地区工业碳减排效率的提升；从各分位点上环境规制回归系数的变化趋势可以发现，环境规制对节能减排效率的效应依次为0.155、0.159、0.148、0.169、0.186，虽在50%分位点的回归系数稍有回落，但大致还是维持递增的趋势。这表明，从整体来看，环境规制能够带来更为优越的节能减排效率。究其原因，主要在于节能减排效率不仅取决于本书关注的环境规制和相关控制变量，还与诸如资源禀赋、财政分权、人文环境、环境规制执行效率等因素息息相关。具体而言，减排效率较好的地区，往往具备雄厚的经济实力、丰富的劳动力、完善的环境政策体系和执法环境，节能减排效率潜力较大，通过政府环境政策的倒逼，有利于充分调动企业主动进行绿色创新的积极性，从而实现节能减排效率的改善。

在其他控制变量中，人均GDP变量在各分位点水平下的系数均为正，且在 1% 的显著水平上显著，表明经济发展水平对节能减排效率产生拉动作用。能源消费结构变量除了在 25% 的分位上不显著外，在各分位点水平下的系数均显著为负，主要原因在于中国能源禀赋结构决定了长期能源消费结构的不合理，而以煤炭消费为主将长期羁绊节能减排效率提升目标的实现。外商直接投资变量和国际贸易变量在各个分位点上的系数均显著为正，这意味着外商直接投资并未表现出"污染避难所"效应，反而通过示范效应和技术溢出效应改善当地的节能减排效率。产业结构变量仅在 10% 和 25% 分位数水平上的系数为正值，可能的原因在于，中国经济的特殊阶段决定经济增长对"高污染、高能耗和高排放"的重工业的依赖，单纯靠改变产业结构来提升节能减排效率并不现实，因此更应通过技术创新和产业升级等途径来改善节能减排效率。劳动力素质的提升对于碳减排效率的提升有积极的促进作用，一方面是劳动力素质的提升有利于技术革新和技术改造；另一方面，教育水平的提升增强了社会公众的环保意识，对于强化污染企业的社会监管具有积极的促进作用；产业结构的调整对于工业碳排放绩效也起到了推动作用，但这种作用只在大样本回归和 50%、75% 和 90% 的回归结果中才体现出来。令人遗憾的是，技术创新变量除在 10% 分位的系数为正值，其余分位点均为负值，可见技术创新并未产生理论上预期的推动作用，反而成为阻碍节能减排效率的主要因素。究其原因，研发内部支出往往用于生产技术创新，而非绿色技术创新，从而造成一定偏差。此外，在现实中，资本密集型企业往往将研发投入于低成本扩张以维持市场竞争力，这种创新意愿的缺乏致使企业研发投入无法实现新知识和新技术的有效积累，从而制约企业节能减排效率。

（2）环境规制强度与西部地区三大区域工业碳减排绩效的回归结果。

根据第 3 章西部地区碳排放的聚类分析结果，将西部地区划分高值低效区、中值中效区和低值低效区三大区域，考虑到不同区域在经济发展、技术水平、资源禀赋和制度安排等方面存在的巨大差异，对西部地区三大区域环境规制强度和碳减排绩效的异质性回归结果进行了检验。检验结果如表 6-4 所示。

表 6 - 4　环境规制强度对西部地区三大区域工业碳减排绩效的回归结果

解释变量	高值低效区	中值中效区	低值高效区
ER	-0.159 (-1.442)	0.044 *** (4.054)	0.0376 *** (3.023)
GDP	0.209 *** (3.802)	0.112 ** (2.018)	0.208 *** (4.122)
$R\&D$	-0.208 (-1.564)	-0.054 (1.390)	-0.120 (1.051)
EN	-0.043 ** (-2.153)	-0.025 * (1.651)	-0.118 *** (3.013)
LAB	-0.102 *** (-2.925)	0.137 *** (3.452)	0.0239 *** (3.325)
FDI	-0.028 *** (4.522)	-0.032 ** (2.087)	0.053 *** (2.345)
IS	0.514 *** (3.233)	0.563 ** (2.534)	0.501 *** (4.826)
$Trade$	-0.016 *** (4.554)	-0.012 ** (2.176)	0.025 *** (2.609)
$Cysj$	0.0145 *** (5.074)	0.202 *** (3.92)	0.092 *** (8.459)
$Tech$	-0.014 (-0.832)	-0.012 (-0.863)	0.011 *** (1.186)
$\_cons$	0.245 *** (3.932)	0.345 *** (3.766)	0.328 *** (8.459)
$Adj - R^2$	0.328	0.358	0.462
N	57	114	38

注：*** 、** 、* 分别表示在1%、5%、10%水平上显著。

从地区分组的 OLS 估计结果来看，环境规制的节能减排效应存在明显的地区异质性。中值中效区和低值高效区的环境规制对碳减排绩效具有正向促进作用，但高值低效区的系数并不显著，且高值低效区的环境规制可能对节能减排效率产生显著的抑制效果。具体而言，当中值中效区的环境规制强度提升1%，节能减排效率水平将会提高4.4%，当低值高效区的环境规制强度提升1%，节能减排效率水平将仅提高3.76%。作为技术和经济发展相对领先的区域，其市场化进程、经济发展水平、技术创新和制度完善度较高，其节能减排效率也相对较高；高值低效区均是能源大省，充沛的能源在一定程度上弥补了技术的短板，导致技术发展水平相对落后，高强度的环境规制不但未能激发减排效率，反而成为节能减排效率低下的元凶。可能的原因主要有二：第一，该类省份出于经济增长的需要，地方政府为了实现经济的快速增长倾向于有选择性地实施环境规制政策来降低企业的"合规成本"；第二，为了实现经济目标，西部地区这些省份可能在全国产业转移的浪潮中吸收了东部地区相对落后的产业转移项目，为了在产业转移过程中分一杯羹而进行环境规制的"逐底竞争"，从而产生了"污染避难所"效应。

在其他控制变量中，人均 GDP 变量在三大区域的系数均为正，且达到统计意义上的显著，表明经济发展水平对节能减排效率产生拉动作用。外商直接投资变量在高值低效区和中值中效区显著为负，但在低值高效区的系数均显著为正，这意味着外商直接投资在高值低效区和中值中效区表现出"污染避难所"效应，但在低值高效区不但未表现出"污染避难所"效应，相反通过示范效应和技术溢出效应改善当地的节能减排效率。能源消费结构变量在三大区域的系数均显著为负，主要原因在于西部地区能源禀赋结构决定了长期能源消费结构的不合理，而以煤炭消费为主将长期羁绊提升节能减排效率目标的实现。产业结构变量在三大区域的系数为正值，可能的原因在于，西部地区经济的特殊阶段决定经济增长对"高污染、高能耗和高排放"的重工业的依赖，单纯靠改变产业结构来提升节能减排效率并不现实，因此更应通过技术创新和产业升级等途径来改善节能减排效率。令人遗憾的是，技术创新变量对于三大区域碳减排均无明显影响，可见技术创新并未产生理论上预期的推动作用。究其原因，研发内部支出往往用于生产技术创新，而非绿色技术创新，从而造成一定偏差。此外，在现实中，资本密集型企业往往将研发投入于低成本扩张以维持市场竞争力，这种创新意愿的缺乏致使企业研发投入无法实现新知识和新技术的有效积累，从而制约企业节能减排效率。

6.1.3.3　门槛效应检验

为了找到西部地区环境规制对于工业碳减排的门槛值，本书尝试进行门槛效应检验。

（1）平稳性检验。

为了防止出现伪回归等问题，本书对面板数据进行单位根检验，具体结果如表6-5所示。根据表6-5可知，*ER*、*GDP*、*R&D*、*EN*、*LAB*、*FDI*、*IS*、*Trade*、*Cysj*和*Tech*在LLC和IPS检验下的水平序列值检验统计值并未拒绝原假设，其他变量的水平值和所有变量的一阶差分数值的LLC和IPS检验方法下的统计值均高度显著地拒绝了存在单位根的原假设，表征计量模型式（6.4）和式（6.5）涉及的经济变量是连续平稳的，可以进行面板数据协整检验和实证回归分析。

表6-5　　　　环境规制强度与西部地区工业碳减排绩效的单位根检验

变量	LLC		IPS	
	水平序列	一阶差分	水平序列	一阶差分
ER	28.436 ***	29.798 ***	- 1.541 ***	4.013 ***
GDP	- 31.735 ***	- 29.170 ***	- 2.079 ***	- 5.761 ***
R&D	- 6.466	- 26.201 ***	0.8778	- 17.614 ***
EN	- 24.5025 ***	- 21.6134 ***	- 1.7576 ***	- 3.5201 ***
LAB	- 24.6229 *	- 25.328 ***	- 1.2777	- 1.8562 ***
FDI	- 25.335 ***	- 28.329 ***	- 1.856 ***	- 1.5461 *
IS	- 26.593 ***	- 35.592 ***	- 1.9014 **	- 5.109 ***
Trade	- 17.655 ***	- 19.343 ***	- 1.567 ***	- 1.361 *
Cysj	- 22.233 ***	- 14.951 ***	- 3.142 **	- 6.132 ***
Tech	- 6.349	- 5.292 ***	- 1.903	- 4.128 ***

注：***、**和*分别表示通过显著性水平为1%、5%和10%的假设检验。

（2）门槛效应存在性检验。

表6-6列示了环境规制门槛效应显著性检验的结果。可以看出，以环境规制为门槛变量，单一门槛效应通过了显著性检验，双重门槛效应在10%的水平上通过显著性检验，表明环境规制和西部地区环境绩效之间存在双门槛效应。

表6-6   环境规制强度门槛效应显著性检验

变量	模型	F	P	Boosttrap 次数	临界值		
					10%	5%	1%
ER	单一门槛	32.56***	0.0033	300	14.1145	14.6679	26.7683
	双门槛	5.33***	0.0060	300	12.6080	15.9207	19.8101

注：*** 、** 和 * 分别表示在 1%、5% 和 10% 的水平上显著。

表6-7 为环境规制的门槛值估计结果及 95% 置信区间估计结果。从表6-7 可以看出，环境规制的门槛值为 0.1662 和 1.3475。似然比（LR）都小于 10% 显著性水平上的临界值，且位于原假设接受领域，表明门槛模型的门槛值等于实际门槛值。

表6-7   环境规制强度门槛估计值和置信区间

变量	模型	估计值	95% 置信区间
ER	单一门槛	1.3475	[1.2821，1.3548]
ER	双门槛	0.1662	[1.1802，1.3567]

（3）回归检验。

表6-8 为以西部地区工业碳排放环境规制为门槛变量的门槛模型估计结果。可以看出，当环境规制强度低于或者等于门槛值 0.1662 时，环境规制在 1% 水平上对西部地区碳减排绩效产生显著的抑制作用，即环境规制的加强显著地降低了西部地区碳减排绩效，可能的原因在于当环境规制强度在较低水平时，加强环境规制强度，必定增加生产成本，因而污染企业或政府为了追求经济增长而忽视环境保护。当环境规制强度大于 0.1662 而小于 1.3475 时，环境规制对西部地区工业环境效率产生正向激励作用，且在 10% 的水平上显著，即环境规制的加强提升了环境效率，其可能的原因在于加强环境规制成为对高能耗、高污染企业发展的一种阻力，迫使这些地区的工业企业进行环保投资而促进绿色技术创新，长期来看会带来污染企业降低污染物的效应，而达到改善环境的目的。但是，当环境规制强度大于

1.3475 这一值时，环境规制的加强又显著地抑制了环境效率，可能的原因在于当环境规制强度处于较高水平时，环境规制强度的增加，进一步增加了工业企业的生产成本，生产成本增加的幅度超过了企业所能容忍的范畴，企业没有了技术创新的意愿，环境规制反而降低了碳减排的效率。这一结论也表明，环境规制与考虑工业碳排放的环境效率存在"U"型关系，环境规制强度存在一个最优的适度范围。

表 6 - 8　　　　　环境规制强度与西部地区碳减排绩效门槛效应估计结果

变量	系数	标准差	T 值	P 值
ER	0.1424 ***	0.0001	31.6900	0.0000
GDP	0.0428 ***	0.0088	4.8700	0.0000
R&D	0.0002	0.0001	1.1200	0.2660
EN	0.0176 *	0.4240	1.6410	0.0048
LAB	0.0601 ***	0.0148	4.0600	0.0000
FDI	− 0.0335 ***	0.0090	1.8560	0.0041
IS	− 0.0593 ***	0.0020	2.9014	0.0000
Trade	− 0.0312 ***	0.0060	1.8240	0.0043
Cysj	− 22.2330	− 14.9510	− 3.1420	0.1320
Tech	− 0.0349	0.2920	− 0.9030	0.1280
$ER \leqslant 1.3475$	− 0.0704	0.0165	− 4.2400	0.0000
$ER > 0.1662$	0.0641	0.0188		0.0010
_cons	2.0811 ***	3.4100		0.0000
Sargan test	0.4415	4.2800	0.0000	
AR²	0.1637			
Wald test	2613.7500		0.0000	

注：*** 、** 和 * 分别表示在 1%、5% 和 10% 的水平上显著。

表 6 - 9 为西部地区三大区域环境规制强度与碳减排绩效门槛模型估计结果。就回归结果来看，高值低效区 ER 的系数为 − 0.0424，通过了显著性水平为 1% 的假设检验，表示该地区环境规制抑制了该地区碳减排绩效的提升；中值中效区和低值高效区 ER 的系数分别为 0.0184 和 0.1914，分别通

过了显著性水平为 1%、5% 的假设检验，说明这两个地区环境规制有效地提升了区域碳减排绩效，这与前面的研究结论相符。综合来看，高值低效区出于经济增长的需要，地方政府有以环境为代价换取经济增长的倾向，甚至可能成为东部产业转移过程的"污染避难所"。对于高值低效区而言，当环境规制强度低于或者等于门槛值 1.5457 时，环境规制对该区域碳减排绩效产生显著的负向作用，即环境规制的强化显著抑制了碳减排绩效；可能的原因在于当环境规制强度处于较低水平时，加强环境规制强度，必定增加生产成本，此时高污染企业或是政府为了追求经济效益而忽视了环境保护。当环境规制强度大于 0.2019 且小于 1.5457 时，环境规制对工业环境效率产生正向作用，且在 1% 的水平上显著，即环境规制的加强有效地提升了碳减排绩效。对于中值中效区而言，当环境规制强度低于或者等于门槛值 1.2856 时，环境规制在 1% 水平上对环境效率产生显著的负向作用，即环境规制的加强显著地抑制了环境效率；当环境规制强度大于 0.1819 且小于 1.2856 时，环境规制对工业环境效率产生正向作用，即环境规制的加强有效提升了环境效率；对于低值高效区而言，当环境规制强度大于或者等于门槛值 1.4327 时，环境规制在 1% 水平上对环境效率产生显著的负向作用，即环境规制的加强显著地抑制了环境效率；当环境规制强度大于 0.1529 且小于 1.4327 时，环境规制对工业环境效率产生正向作用，即环境规制的加强提升了环境效率。由此可见，高值低效区达到拐点时的环境规制度强度最大，中值中效区次之，低值高效区达到拐点时的环境规制度强度最小。

表 6 - 9　环境规制强度与西部地区三大区域工业碳减排绩效门槛效应估计结果

变量	高值低效区	中值中效区	低值高效区
ER	- 0.0424 *** （31.690）	0.0184 *** （28.134）	0.1914 ** （2.092）
GDP	- 0.2374 *** （- 6.312）	- 0.1567 *** （- 4.687）	0.0213 *** （8.893）
R&D	0.0072（1.354）	0.0032 *** （1.453）	0.0639 *** （2.638）
EN	0.0134（- 0.476）	0.0564（- 0.476）	0.0128 *** （5.590）
LAB	0.0218 *** （7.96）	0.0218 *** （6.90）	0.0016 *** （3.292）
FDI	- 0.2374 *** （- 6.312）	- 0.2374 *** （- 6.31）	0.0213 *** （8.809）

续表

变量	高值低效区	中值中效区	低值高效区
IS	0.0072 ** （2.322）	0.063 ** （1.972）	0.0639 *** （7.688）
Cysj	−0.0043 （−0.476）	−0.0012 （−1.476）	0.0129 *** （5.59）
Tech	0.0238 （1.096）	0.0209 *** （11.960）	0.0016 （1.223）
常数项	−0.258 *** （4.965）	0.0275 *** （1.60）	0.469 *** （−3.807）
$ER \leqslant 1.5457$	−0.0704		
$ER > 0.2019$	0.0641		
$ER \leqslant 1.2856$		−0.0612	
$ER > 0.1819$		0.0544	
$ER \leqslant 1.4327$			−0.0019
$ER > 0.1569$			0.0034
_cons	0.4629 *** （−7.807）	0.4213 *** （6.132）	0.4539 *** （7.996）
Sargan test	0.5261	0.5261	0.5261
AR^2	0.1852	0.1852	0.1852
Wald test	2351.82 （0.0000）	2351.82 （0.0000）	2351.82 （0.0000）

注： *** 、 ** 和 * 分别表示在1%、5%和10%水平上显著。

6.2 环境规制工具与碳减排绩效

不同类型的环境规制工具引导企业技术创新和环保投资的效果是政府选择环境规制工具的重要依据。在信息不对称的现实世界里，相比于命令型环境规制工具，基于市场的环境规制工具有明显的信息优势；从动态的视角来看，市场型环境规制工具能够更有效地刺激减污技术革新，从而成为较为有效的环境规制工具。这些巨大的成本节省，主要来自市场化环境规制工具有效配置实现企业减污成本的有效配置（Atkinson and Lewis，1974；Seskin et al.，1983；McGartland，1984；Tietenberg，2001；Sterner，2002；安崇义和唐跃军，2012；马富萍和茶娜，2012；涂正革和谌仁俊，2015）。另外，相比较为机械统一的排放标准，市场型环境规制工具更具弹性和灵活性，可以激励企业选择更先进的技术以最小的成本减少污染排放（李斌和彭星，2013）。当预期边际收益较为平坦时，相比较于采用单一的命令型的环境规制工具，环境税收这种市场型规制工具更利于增加企业的利润（Magat，1978；Malueg，1989；Milliman and Prince，1989）。

目前比较成熟的市场型环境规制工具主要有三种：排污税费（含碳税）、碳排放权交易和碳减排补贴。无论单独实施哪一种环境规制工具，对于企业减少碳排放量和提高环境效益均有正向作用（Wang，2011；Frank and Les，2005；Meltzer，2014）。

目前为止，很少有文献以西部地区工业碳排放量为研究样本，比较碳税和排放权交易机制对西部地区工业碳排放的作用效果。为了进一步厘清环境规制的作用效果，特别是弄清何种环境规制工具能更为有效地促进企业技术创新和环保投资，以达到节能减排、建设美丽中国的目标，本书基于企业技术创新和环保投资视角，构建 CGE 模型，仿真模拟碳税和碳排放权交易这两种市场型环境规制工具对西部地区工业碳排放绩效的不同效果，从而为政府进一步完善环境规制政策，优化政策工具的选择提供理论依据和政策参考。

6.2.1　碳排放权交易对西部地区工业碳减排效果模拟

21 世纪以来，关于环境保护的呼吁日益强烈，世界各国纷纷提出减排承诺和环境保护措施。我国在北京、上海、天津、重庆、广东、深圳、湖北先后启动了碳排放权交易试点，并于 2017 年建立全国性碳排放权交易市场。在全国"去产能、调结构"的宏观经济背景下，模拟碳排放权交易对西部地区工业碳减排的效果，对于解决西部地区经济发展中的环境"瓶颈"和实现经济的平稳发展具有重要意义。

6.2.1.1　碳排放权交易的原理与模型

通过设置行业碳排放量上限这一外生变量，将碳排放作为生产要素投入生产函数中。由于生产成本增加导致收益发生变化，由此内生出该部门为达到给定碳减排量导致的产出收益损失，即该部门的边际减排成本。在模拟碳排放权交易情景时，纳入碳排放交易范围的部门之间进行交易，即碳排放作为生产要素允许在工业部门各行业间流动，从而均衡得出参与碳排放权交易部门的平均边际减排成本（碳价）。

图6-2展示了工业行业部门间碳排放权交易机理。假设政府将出售碳排放权配额产生的收入通过转移支付的形式返回给居民消费部门。在碳排放权总量限制的条件下，工业行业部门通用碳排放权交易实现要素流动配置。图6-2中横轴表示部门的配额量，纵轴表示该部门的边际减排成本。C_1 和 C_2 为工业行业对碳配额的需求曲线。当允许进行碳排放权交易时，部门1趋向于向碳排放权市场中购买 ΔQ_1 的碳配额，部门2趋向于向碳市场中出售 ΔQ_2 的碳配额。

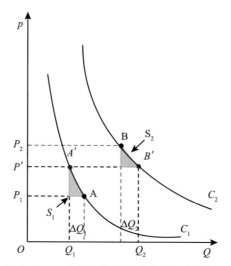

图6-2 工业行业部门间碳排放权交易机理

CGE模型通过计算并重新发现新的平衡点而实现碳排放权市场的供需平衡，如式（6.7）和式（6.8）所示。

$$\Sigma_s \Delta Q_s = \Sigma_b \Delta Q_b \tag{6.7}$$

$$\Sigma_s \int_{ps}^{p'} C_s(p)\,dp = \Sigma_b \int_{p'}^{pb} C(p)\,dp \tag{6.8}$$

其中，s 和 b 分别表示碳排放权交易市场中的卖方和买方，ΔQ 表示工业部门碳排放权交易量，$C(p)$ 为工业部门对碳配额的需求函数，P 为工业部门边际减排成本。$S = \int_{ps}^{p'} C_s(p)dp$，$S$ 为政府出售碳排放权转移支付给居民部门的收入。

6.2.1.2　CGE 模型的构建与数据处理

可计算一般均衡模型（Computable General Equilibri-um Model，简称 CGE 模型）以一般均衡理论为基础，模型中明确定义了经济主体的生产函数和需求函数，能够反映宏观经济中各个部门和各个市场之间的相互依赖和相互作用的关系，是当前用于进行政策评价的主要工具之一。CGE 模型是以研究能源环境和就业问题为重点的动态可计算一般均衡模型，具备典型的单国家多商品、多部门和多经济主体的一般特征，也可以采用动态递归机制拓展将其拓展为多时期的动态模型。CGE 模型的基本思路是寻求一组价格向量，使供求双方达到均衡，市场交易行为是连接供求双方的主要渠道。

本书构建的 CGE 模型主要包括四个模块：生产模块、需求模块、进出口模块和碳排放模块。在生产投入方面，对于常规生产部门，劳动力、资本、土地、能源等生产要素之间存在替代关系，通过多层的常弹性替代生产函数（CES）进行描述；其他非能源商品则具有列昂惕夫函数（LEO）关系。对能源加工转换部门、生产要素（劳动力、资本、土地）之间存在替代，但能源之间不能相互替代。居民的收入来源于劳动力、资本、土地和其他机构的转移收入；支出分为税收、消费、储蓄和转移支出，消费结构按线性支出函数（LES）分配。企业的收入来自资本、土地和转移收入；支出分为储蓄和转移支出。政府的收入来源主要是税收（营业税、生产税、所得税、关税、出口税和碳税），此外还有资本、土地和转移收入。进出口模型假设世界商品市场价格是固定的，但汇率随政策情景变化。本地生产的商品通过常弹性转换函数（CET）分为本地消费和出口两部分。本地消费的商品总量通过本地生产消费的商品、进口商品和阿明顿函数合成。碳排放考虑化石能源燃烧排放的 CO_2 气体，排放量可由能源消费量乘以排放因子获得。

6.2.1.3 参数与情景设定

（1）参数设定。

CGE 模型中涉及两类参数，分别是份额参数与弹性参数。对于份额参数，可以在 SAM 表的编制过程中通过外部资料确定，对于弹性参数，模型中主要包括生产要素间的替代弹性参数与贸易函数中的替代弹性参数。根据相关文献资料，本书做如下处理：

①将生产要素之间，能源与增加值的替代弹性参数设定为 0.4；增加值投入中，资本、土地与劳动力替代弹性设定为 0.6；能源投入中，电力与化石能源的替代弹性设定为 0.7；化石能源投入中，固体、液体、气态化石能源的替代弹性设定为 1.5。

②在贸易函数中，总产出中供给出口与本地消费之间替代弹性设定为 2；在本地消费中，本地生产与国内其他地方调入之间替代弹性设定为 3；在本地市场中，本地生产与进口供应之间替代弹性设定为 4。

除此之外，西部地区 GDP 的增长速度参考 1998 ~ 2015 年西部地区各省份统计年鉴数据设置，由于基准年是 1998 年，模型中 1998 ~ 2015 年 GDP 按照西部地区 1998 年 GDP 可比价进行计算，各省份 GDP 增长速度参考该省份各阶段国民经济和社会发展规划纲要预测，人口增长速度参考该省份各阶段国民经济和社会发展规划纲要及西部各省份人口增长速度历史数据进行预测。人口增长率、投资增长率、能源效率增长率等基本参数设置如表 6 - 10 所示。

表 6 - 10　　　　　　　　　基本参数设置　　　　　　单位：%

情景共同的假设	2015 ~ 2020 年	2021 ~ 2025 年	2026 ~ 2030 年
GDP 增长率	7.0	6.0	5.5
人口增长率	3.4	0.6	0.5
TPF 增长率	4.5	3.8	3.5
进出口增长率	4.0	3.0	2.0
投资增长率	11.0	8.8	7.6

情景共同的假设	2015～2020 年	2021～2025 年	2026～2030 年
能源效率增长率	固体燃料4%、液体燃料2%、气体燃料5%、电力6%	固体燃料4%、液体燃料2%、气体燃料5%、电力6%	固体燃料4%、液体燃料2%、气体燃料5%、电力6%

（2）情景设置。

参照在哥本哈根气候大会和巴黎气候大会上中国政府提出的2020年和2030年碳排放强度下降目标，将中国的碳排放强度2020年比2005年下降40%，2030年比2005年下降60%作为参考目标，并假定碳排放强度在各时期均为匀速下降，即以2005年不变价格来计算，碳排放强度累计增长率由2015年的−33.863%匀速下降至2020年的−40%，这一时期碳排放强度年均下降幅度为3.387%；2021年起，碳排放强度再匀速降至2030年的−60%，该时期碳排放强度年均下降幅度为4.138%（董梅等，2019）。相比而言，西部地区环境污染程度更高，减排工作量更大，本书拟定西部地区2015～2020年碳排放强度年均下降3.5%；2021～2030年碳排放强度年均下降4.2%。

根据前文的分析和基准情景的设定，使用本书建立的模型，计算得到基准情景下西部地区经济发展的主要宏观变量。由于基准情景结果主要用来作为情景模拟的比较基准，模拟结果基于本书所构建的社会核算矩阵计算，因此与统计年鉴公布的数据可能会有所出入。基于基准情景的模拟结果如表6－11所示。

表6－11　　　　　基准情景下西部地区经济增长与工业碳排放情况

年份	碳排放总量（亿吨）	GDP（万亿元）	GDP 增长率（%）	碳排放强度（吨/万元）	人均碳排放量（吨/人）
2015	24.509	33.965	0.075	7.200	6.857
2016	25.882	36.343	0.070	7.122	7.395
2017	27.331	38.887	0.070	7.028	7.770
2018	28.762	41.608	0.070	6.913	8.164

续表

年份	碳排放总量 （亿吨）	GDP （万亿元）	GDP 增长率 （%）	碳排放强度 （吨/万元）	人均碳排放量 （吨/人）
2019	30. 423	44. 521	0. 070	6. 833	8. 579
2020	32. 110	47. 637	0. 070	6. 741	9. 014
2021	33. 543	50. 495	0. 060	6. 643	9. 472
2022	35. 445	53. 525	0. 060	6. 622	9. 952
2023	37. 621	56. 736	0. 060	6. 631	10. 457
2024	39. 655	60. 141	0. 060	6. 594	10. 988
2025	41. 432	63. 749	0. 060	6. 499	11. 545
2026	43. 351	67. 255	0. 055	6. 446	12. 131
2027	45. 282	70. 954	0. 055	6. 382	12. 747
2028	47. 338	74. 857	0. 055	6. 324	13. 394
2029	49. 183	78. 974	0. 055	6. 228	14. 073
2030	51. 575	83. 317	0. 055	6. 190	14. 788

注：表中数据按 2015 年不变价格计算。

为实现西部地区 2030 年碳减排目标，将减排任务在各工业部门进行分配，按照碳减排任务分配的不同方式，设置了三个情景，分别是基准情景、行业公平分担情景、行业优化分配情景，如表 6 - 12 所示。

表 6 - 12 　　　　　　　　　　碳排放权交易目标设置

符号	情景	碳排放限制政策	非化石能源发展政策
Bau	基准情景	无限制	
CAP-ave	行业公平 分担情景	所有行业碳排放强度到 2020 年相对于 2015 年降低 19.5%，到 2020 年相对于 2010 年降低 45%，全社会各部门公平分担，完成全社会的减排目标	油电停止发展；气电 4%；风电%；核电 3%；水电 0%；垃圾发电 3%；煤电 5% ~10%
CAP-opt	行业优化 分配情景	控制全社会完成碳排放强度的总目标：到 2020 年相对于 2015 年降低 45%。按照最小成本的原则，各行业优化分担减排责任	油电停止发展；气电 4%；风电%；核电 3%；水电 0%；垃圾发电 3%；煤电 5% ~10%

　　基准情景（the business-as-usual scenario，简称 Bau）是经济发展按照传统模式发展，未受到能源政策和碳排放政策的约束。基准情景的结果是无政策干预的历史趋势，是一个可参照情景，用来对比其他政策在减排方面的效果。行业公平分担情景（CAP average scenario，简称 CAP-ave）是为确保完成全社会的二氧化碳减排目标，以 Bau 情景下 2015 年碳排放强度为基准，工业行业各部门为完成工业行业碳排放下降的目标，公平分担减排任务。CAP-ave 情景按部门碳排放强度下降目标进行分配，相对而言，此情景对未来发展中预期碳排放有较大降幅的部门有利，对碳排放仍将持续增长的部门较为不利。行业优化分配情景（CAP optimization scenario，简称 CAP-opt）即按照西部地区二氧化碳排放总量到 2020 年减排 40%、2030 年减排 60% 的目标，由各部门优化选择去承担责任。CAP-opt 情景设置依据经济系统中减排成本最小化、经济福利最大化的原则，自动识别出在未来的减排任务中应当承担更多责任的部门，根据各部门优化责任目标承担减排任务。

6.2.1.4　模拟结果分析

　　（1）不同情景下碳排放权交易对西部地区工业碳排放的影响。

　　在碳排放权交易 Bau 情景下，经济增长与工业碳排放的变动情况如表 6-13 所示。

表 6-13　　**Bau 情景情境下西部地区经济增长与工业碳排放变动情况**　　单位：%

年份	经济增长效应					碳减排效应		
	GDP	消费	投资	净出口	就业	碳排放总量	碳排放强度	人均碳排放量
2015	0.07	1.24	0.37	1.28	-1.90	7.63	-5.03	7.48
2016	0.07	1.45	0.58	1.92	-1.93	14.42	-6.22	13.25
2017	0.07	2.78	1.91	2.31	-1.93	21.09	-7.29	16.12
2018	0.07	2.25	1.38	2.33	-1.91	25.62	-8.32	19.66
2019	0.07	3.39	2.52	2.34	-1.95	30.48	-9.48	25.32
2020	0.07	3.68	2.81	2.30	-1.92	34.90	-10.20	31.56
2021	0.06	3.95	3.08	2.37	-1.94	38.92	-11.02	36.24

续表

年份	经济增长效应					碳减排效应		
	GDP	消费	投资	净出口	就业	碳排放总量	碳排放强度	人均碳排放量
2022	0.06	4.19	3.32	2.38	−1.94	42.68	−11.68	41.07
2023	0.06	4.42	3.55	2.37	−1.93	47.25	−12.15	45.27
2024	0.06	4.86	3.99	2.72	−1.94	53.01	−12.89	49.13
2025	0.06	5.09	4.22	2.82	−1.93	60.78	−13.38	53.43
2026	0.06	5.24	4.37	2.92	−1.93	66.63	−13.83	57.92
2027	0.06	5.41	4.54	3.11	−1.93	73.98	−14.48	61.34
2028	0.05	5.63	4.76	3.31	−1.92	69.24	−14.04	65.17
2029	0.05	5.89	5.02	3.32	−1.93	84.98	−15.48	69.48
2030	0.06	6.21	5.34	3.43	−1.94	89.66	−16.06	72.65

由于 Bau 情景是假设各部门投入产出关系与基期保持一致，既无减排目标控制，也无政策干预，所以，在此情景下，西部地区的 GDP 增长、能源消耗和碳排放量是基于 1998～2015 年历史数据预测下的增长。从表 6-13 可以看出，在 Bau 情景下，西部地区 2015～2030 年 GDP 仍将按照年均 5.5%～7.5% 的速度增长，消费年均上升 4.10%，投资年均上升 3.24%，净出口年均增长 2.57%，就业年均下降 1.93%。

从碳减排绩效来看，相较于 2015 年基准情景而言，Bau 情景下西部地区工业碳排放总量和人均碳排放量持续增长，但碳排放强度呈现不断下降的趋势。到 2020 年，西部地区工业碳排放总量将增长到 43.32 亿吨，是 2015 年的 1.77 倍;[①] 人均碳排放量将增加到 11.86 吨/人，是 2015 年的 1.32 倍；碳排放强度为 6.05 吨/万元，相比 2015 年下降了 15.97%。到 2030 年，西部地区工业碳排放总量将增长到 97.82 亿吨，人均碳排放达到 25.53 吨/人，是 2015 年的 3.72 倍；碳排放强度降低到 5.20 吨/万元，比 2015 年下降了 27.78%。

---

① 数据根据基准情景下模拟结果计算得出。下同。

据此可以判断，在 Bau 情境下西部地区工业碳排放总量将由 2015 年的 24.51 亿吨上升至 2030 年的 97.82 亿吨，人均碳排放量由 2015 年的 6.857 吨/人上升至 2030 年的 25.53 吨/人，碳排放总量和人均碳排放量与实际 GDP 几乎同步增长。从碳排放强度来看，2015～2030 年碳排放强度虽然不断下降，但相对来说比较缓慢，2030 年碳排放强度相对于 2015 年基准值下降了 28.78%，年均碳排放强度的降幅为 1.92%，与前文情景设置中"西部地区 2015～2020 年碳排放强度年均下降 3.5%；2021～2030 年碳排放强度年均下降 4.2%"的目标相距甚远，根本无法完成国家要求"十三五"时期碳排放强度降低 19.5% 的目标，也无法实现中国碳排放强度 2030 年比 2005 年下降 60%～65% 的减排承诺。所以，若不采取积极的碳排放权交易措施，西部地区未来面临的环境压力仍将十分严峻。

CAP-ave 情景下西部地区经济增长与工业碳排放变动情况如表 6 - 14 所示。

表 6 - 14　　CAP-ave 情景下西部地区经济增长与工业碳排放变动情况　　单位：%

年份	经济增长效应					碳减排效应		
	GDP	消费	投资	净出口	就业	碳排放总量	碳排放强度	人均碳排放量
2015	0.03	-1.24	-0.37	-0.65	0.75	-5.12	-18.52	-13.98
2016	0.03	-1.35	-0.42	-0.68	0.54	-6.91	-18.31	-13.77
2017	0.03	-1.41	-0.46	-0.69	0.28	-6.58	-18.98	-14.44
2018	0.03	-1.46	-0.49	-0.76	0.03	-8.11	-21.51	-16.97
2019	0.03	-1.49	-0.52	-0.82	-0.03	-9.97	-22.37	-17.83
2020	0.03	-1.52	-0.54	-0.93	-0.07	-10.39	-23.79	-19.25
2021	0.03	-1.55	-0.56	-0.99	-0.11	-10.41	-24.81	-20.27
2022	0.02	-1.60	-0.57	-1.04	-0.15	-11.17	-24.57	-20.03
2023	0.02	-1.62	-0.58	-1.10	-0.19	-11.74	-26.14	-21.60
2024	0.02	-1.64	-0.59	-1.15	-0.22	-12.50	-26.90	-22.36
2025	0.02	-1.65	-0.59	-1.20	-0.25	-12.27	-27.67	-23.13
2026	0.02	-1.66	-0.60	-1.24	-0.27	-13.12	-28.52	-23.98
2027	0.02	-1.66	-0.61	-1.27	-0.29	-13.47	-28.87	-24.33

续表

年份	经济增长效应					碳减排效应		
	GDP	消费	投资	净出口	就业	碳排放总量	碳排放强度	人均碳排放量
2028	0.02	− 1.67	− 0.62	− 1.30	− 0.30	− 13.73	− 29.13	− 24.59
2029	0.02	− 1.67	− 0.62	− 1.33	− 0.31	− 14.47	− 29.87	− 25.33
2030	0.02	− 1.68	− 0.63	− 1.35	− 0.31	− 15.15	− 30.55	− 27.56

在 CAP-ave 情景下，假设西部地区工业行业碳排放强度到 2020 年相对于 2005 年不变价格下降 40%，到 2030 年相对于 2005 年不变价格下降 60%，全社会工业行业各部分公平分担，完成全社会的减排目标。模拟结果显示，对于 CAP-ave 情景而言，减排比重的加大对西部地区宏观经济造成了一定的负面影响。相较于 2015 年基准情景（见表 6 – 11）而言，2015 ~ 2021 年西部地区经济增长下降了 0.03%，2021 ~ 2025 年下降幅度为 0.02%，到 2030 年，消费比 2015 年基准情景减少 1.68%，投资减少 0.63%。原因在于碳排放权交易减少了企业能源投入，造成中间投入和实际产品产出数量明显下降；同时，国家控制碳排放量导致企业能源使用受限，企业为了实现原有生产规模就要寻找其他途径，如改良技术，从而导致生产成本上升，企业收入下降，由于企业生产需求的下降，进而降低了劳动力需求，导致就业率下降；但就业率是随着减排强度的增加呈先下降后上升的趋势，这是因为当减排强度达到一定程度时抑制能源消费量大的工业的发展，但同时也促进了劳动力需求量大的服务业的发展。在能源消费方面，由于碳减排政策的实施，能源要素成为生产过程中受碳排放限制的生产要素，企业为控制自己的碳排放努力提高效率以减少能源投入，因此能源消费总量减少。从模型结果可以看出，CAP-ave 碳排放权交易情景下，西部地区进出口额在 2030 年较 2015 年基准情景下降 1.35%，就业率下降 0.31%。

在 CAP-ave 情景下，从碳排放总量来看，到 2020 年，西部地区碳排放总量较 2015 年基准情景少排放了 10.39%，减排量为 33362 万吨；到 2030 年，西部地区碳排放总量较 2015 年减排 15.15%，减排量为 78136 万吨；从碳排放强度来看，2020 年，西部地区碳排放强度相对 2015 年基准情景减少

23.79%，碳排放强度为 5.14 吨/万元；到 2030 年，西部地区碳排放强度相对 2015 年基准情景下降 30.55%，碳排放强度为 4.30 吨/万元，减排 1.89 吨/万元；从人均碳排放量来看，西部地区 2020 年 CAP-ave 情景下人均碳排放相对基准情景减少 19.25%，人均少排放 1.73 吨/人；到 2030 年，CAP-ave 情景下人均碳排放量相对基准情景减少 27.56%，人均少排放 4.076 吨。

如果要实现 2020 年碳排放强度比 2005 年下降 40% 和 2030 年碳排放强度比 2005 年下降 60% 的减排目标，按 2015 年价格来计算，2020 年和 2030 年碳排放强度应该分别比 2015 年下降 20% 和 30%（董梅等，2019）。按此推算，西部地区 2020 年的碳排放强度应由 2015 年的 7.2 吨/万元下降到 2020 年的 5.76 吨/万元，再逐渐下降至 2030 年的 5.04 吨/万元，则可以实现减排目标。

在 CAP-ave 情景下，2020 年西部地区碳排放强度为 5.14 吨/万元，比 2015 年下降 28.47%；到 2030 年，西部地区工业碳排放强度为 4.30 吨/万元，比 2015 年下降 40.28%；若以 2020 年碳排放强度下降 20% 和 2030 年碳排放强度下降 30% 为减排目标，则可以预测，碳排放权交易 CAP-ave 情景下，西部地区基本能完成上述的碳减排目标。

CAP-opt 情景下西部地区经济增长与工业碳排放量的变动情况如表 6 - 15 所示。

表 6 - 15　　**CAP-opt 情景下西部地区经济增长与工业碳排放变动情况**　　单位：%

年份	经济增长效应					碳减排效应		
	GDP	消费	投资	净出口	就业	碳排放总量	碳排放强度	人均碳排放量
2015	0.02	-1.38	-0.38	0.73	-0.83	-13.72	-20.52	-14.65
2016	0.02	-1.45	-0.43	0.09	-0.82	-13.51	-20.31	-14.44
2017	0.02	-1.52	-0.48	-0.30	-0.76	-14.18	-20.98	-15.11
2018	0.02	-1.59	-0.52	-0.32	-0.74	-16.71	-23.51	-17.64
2019	0.02	-1.66	0.56	-0.33	-0.68	-17.57	-24.37	-18.50
2020	0.02	-1.72	-0.59	-0.29	-0.65	-18.99	-25.86	-19.92

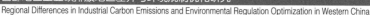
续表

年份	经济增长效应					碳减排效应		
	GDP	消费	投资	净出口	就业	碳排放总量	碳排放强度	人均碳排放量
2021	0.01	-1.79	-0.62	-0.36	-0.57	-20.01	-26.81	-20.94
2022	0.01	-1.85	-0.64	-0.37	-0.51	-19.77	-26.57	-20.70
2023	0.01	-1.91	-0.66	-0.36	-0.46	-21.34	-28.14	-22.27
2024	0.01	-1.96	-0.68	-0.71	-0.43	-22.10	-28.90	-23.03
2025	0.01	-2.02	-0.69	-0.81	-0.39	-22.87	-29.67	-23.80
2026	0.02	-2.07	-0.70	-0.91	-0.36	-23.72	-30.52	-24.65
2027	0.02	-2.11	-0.71	-1.10	-0.36	-24.07	-31.87	-25.00
2028	0.02	-2.14	-0.72	-1.30	-0.34	-24.33	-32.13	-25.26
2029	0.02	-2.18	-0.72	-1.30	-0.31	-25.07	-33.87	-26.00
2030	0.02	-2.21	-0.73	-1.42	-0.30	-26.73	-35.98	-27.54

从模拟结果可以看出，CAP-opt 情景下，减排比重的加大对西部地区宏观经济造成的负面影响逐渐加大。相较于 2015 年基准情景而言，2015～2030 年 GDP 的平均下降幅度为 0.016%；由于减少了能源投入，造成中间投入和实际产品产出数量明显下降，同时，企业生产需求下降，进而降低了劳动力需求，导致就业率下降，就业率平均变动率为 -0.54%。企业成本的上升和最终消费品价格的上升，导致居民实际收入减少，从而造成居民消费和储蓄投资减少，消费平均下降了 1.85%，投资平均减少了 0.54%，净出口额平均减少约 0.56%。

从碳减排效应来看，CAP-opt 情景下西部地区工业碳排放总量、碳排放强度和人均碳排放量均有大幅下降。具体而言，CAP-opt 情景下西部地区2020 年工业碳排放总量相对 2015 年基准情景少排放 18.99%，共减排60977 万吨；到 2030 年，工业碳排放总量相对 2015 年基准情景减排26.73%，共减排137860 万吨；从碳排放强度来看，2020 年西部地区工业碳排放强度相对基准情景减排25.86%，碳排放强度为 5.00 吨/万元；2030年西部地区工业碳排放强度相对基准情景减排35.98%，碳排放强度为 3.96

吨/万元；从人均碳排放量来看，2020 年西部地区人均碳排放相对基准情景减排 19.92%，人均少排放 1.80 吨/人；2030 年西部地区人均碳排放量相对基准情景减排 27.54%，人均少排放 4.07 吨/人。

在 CAP-opt 情景下，到 2020 年，西部地区碳排放总量将达到 26.01 亿吨，对应的碳排放强度为 5.0 吨/万元，比 2015 年下降 30.56%；到 2030 年，西部地区工业碳排放总量为 37.79 亿吨，碳排放强度为 3.96 吨/万元；2030 年的碳排放强度比 2015 年下降 45%；若以 2020 年碳排放强度比 2015 年下降 20% 和 2030 年碳排放强度比 2015 年下降 30% 为基准目标，则可推算在 CAP-opt 情景下，西部地区能够完成上述碳减排目标。

对比两种碳排放权交易情景下的减排效果，对于西部地区来说，各行业优化承担减排的 CAP-opt 情景比各行业平均承担的 CAP-ave 情景的减排效果更好。

（2）不同情景下碳排放权交易对西部各省份工业碳排放的影响。

除了模拟不同情景下碳排放权交易对西部地区整体工业碳排放的影响外，本书还模拟了不同情景下碳排放权交易对西部各省份经济增长与工业碳排放的影响，具体如表 6-16 所示。

表 6-16　　不同情景下西部各省份经济增长与工业碳排放变动情况　　单位：%

年份	情景	省份	经济增长效应					碳减排效应		
			GDP	消费	投资	净出口	就业	碳排放总量	碳排放强度	人均排放量
2020	Bau	内蒙古	0.07	3.47	2.78	2.11	−1.96	45.40	−15.94	43.21
		广西	0.07	3.29	2.22	1.93	−1.98	31.50	−10.89	30.76
		重庆	0.08	2.91	2.01	2.73	−1.91	21.34	−10.70	20.58
		四川	0.08	2.38	2.31	2.91	−1.88	22.23	−10.69	22.91
		贵州	0.07	2.52	2.34	2.75	−1.98	31.83	−11.76	28.88
		云南	0.07	2.36	2.70	2.54	−1.81	21.10	−10.83	21.52
		陕西	0.07	3.38	2.87	1.94	−1.88	43.73	−13.08	40.81
		甘肃	0.07	3.09	2.38	2.39	−1.92	31.53	−12.40	29.88
		青海	0.07	3.26	2.07	1.73	−1.95	34.40	−11.72	31.32
		宁夏	0.07	3.29	2.22	1.74	−1.89	41.42	−13.24	32.55
		新疆	0.07	3.27	2.62	1.63	−1.81	40.39	−13.90	41.89

续表

年份	情景	省份	经济增长效应					碳减排效应		
			GDP	消费	投资	净出口	就业	碳排放总量	碳排放强度	人均排放量
2020	CAP-ave	内蒙古	0.03	−1.76	−0.77	−1.35	−0.72	−17.40	−31.42	−28.89
		广西	0.03	−1.34	−0.52	−0.83	−0.50	−11.51	−25.09	−21.36
		重庆	0.04	−1.26	−0.38	−0.65	−1.76	−5.10	−14.88	−12.89
		四川	0.04	−1.18	−0.27	−0.69	−1.68	−5.27	−15.79	−12.54
		贵州	0.03	−1.47	−0.44	−0.86	−0.49	−7.82	−21.94	−15.09
		云南	0.03	−1.22	−0.36	−0.44	−0.78	−5.04	−12.97	−11.98
		陕西	0.03	−1.88	−0.67	−1.19	−1.80	−13.63	−27.36	−26.99
		甘肃	0.03	−1.51	−0.73	−1.13	−1.12	−11.59	−25.49	−24.17
		青海	0.03	−1.56	−0.71	−1.09	−1.43	−10.39	−24.92	−22.65
		宁夏	0.03	−1.71	−0.62	−1.24	−1.76	−11.41	−26.54	−21.76
		新疆	0.03	−1.77	−0.82	−1.27	−1.14	−15.38	−28.45	−26.13
	CAP-opt	内蒙古	0.02	−2.03	−1.02	−0.58	−0.70	−27.91	−34.42	−27.89
		广西	0.02	−1.76	−0.69	−0.26	−0.73	−19.01	−25.01	−18.46
		重庆	0.03	−1.26	−0.36	−0.14	−0.61	−14.54	−19.82	−14.29
		四川	0.03	−1.30	−0.34	−0.17	−0.60	−15.64	−18.68	−13.47
		贵州	0.02	−1.68	−0.51	−0.34	−0.69	−19.03	−23.04	−21.34
		云南	0.02	−1.27	−0.32	−0.12	−0.41	−14.45	−17.92	−14.28
		陕西	0.02	−1.97	−0.94	−0.53	−0.67	−24.98	−30.36	−25.35
		甘肃	0.02	−1.89	−0.63	−0.43	−0.72	−24.09	−28.89	−23.17
		青海	0.02	−1.83	−0.84	−0.39	−0.64	−21.54	−27.22	−22.98
		宁夏	0.02	−1.81	−0.72	−0.44	−0.66	−22.21	−27.51	−23.01
		新疆	0.02	−1.94	−0.89	−0.47	−0.75	−25.13	−31.41	−26.19

续表

年份	情景	省份	经济增长效应					碳减排效应		
			GDP	消费	投资	净出口	就业	碳排放总量	碳排放强度	人均排放量
2030	Bau	内蒙古	0.06	6.37	5.68	3.01	−1.96	104.70	−22.27	95.21
		广西	0.06	5.20	5.12	3.83	−1.93	70.77	−15.32	61.71
		重庆	0.06	6.87	5.92	3.71	−1.93	50.68	−10.39	51.45
		四川	0.06	6.28	5.23	3.80	−1.92	52.50	−12.38	42.97
		贵州	0.06	5.42	5.24	3.64	−1.95	71.25	−16.32	52.34
		云南	0.06	6.31	5.62	3.50	−1.96	53.40	−11.29	50.98
		陕西	0.06	6.92	5.77	3.91	−1.93	92.99	−18.52	81.23
		甘肃	0.06	6.30	5.30	3.29	−1.92	96.10	−16.83	82.08
		青海	0.06	6.46	5.01	3.63	−1.93	90.20	−17.19	87.78
		宁夏	0.06	6.21	5.12	3.71	−1.94	93.03	−14.40	91.97
		新疆	0.06	6.23	5.95	3.54	−1.93	97.27	−20.98	92.34
	CAP-ave	内蒙古	0.02	−1.98	−0.89	−1.98	−0.64	−24.80	−42.07	35.97
		广西	0.02	−1.81	−0.72	−1.37	−0.45	−15.79	−32.25	−27.56
		重庆	0.03	−1.27	−0.58	−1.11	−0.31	−11.70	−22.19	−21.15
		四川	0.03	−1.32	−0.52	−1.26	−0.34	−11.58	−23.23	−22.74
		贵州	0.02	−1.70	−0.64	−1.30	−0.40	−15.27	−34.13	−26.31
		云南	0.02	−1.29	−0.43	−1.22	−0.29	−10.43	−21.89	−21.99
		陕西	0.02	−1.78	−0.67	−1.79	−0.53	−23.09	−41.42	−32.08
		甘肃	0.02	−1.73	−0.71	−1.69	−0.45	−21.16	−39.63	−30.37
		青海	0.02	−1.77	−0.94	−1.74	−0.53	−22.22	−38.09	−31.74
		宁夏	0.02	−1.61	−0.83	−1.67	−0.68	−21.07	−41.36	−30.85
		新疆	0.04	−1.84	−0.87	−1.71	−0.57	−23.29	−42.68	−33.21

续表

年份	情景	省份	经济增长效应					碳减排效应		
			GDP	消费	投资	净出口	就业	碳排放总量	碳排放强度	人均排放量
2030	CAP-opt	内蒙古	0.02	−2.47	−0.93	−1.52	−0.32	−34.70	−44.56	−36.28
		广西	0.02	−2.24	−0.80	−1.41	−0.31	−26.77	−34.34	−27.16
		重庆	0.02	−1.70	−0.61	−1.30	−0.30	−20.68	−27.67	−21.76
		四川	0.02	−1.73	−0.64	−1.37	−0.29	−21.50	−28.86	−22.14
		贵州	0.02	−2.28	−0.74	−1.43	−0.30	−26.25	−32.67	−28.75
		云南	0.02	−1.81	−0.65	−1.28	−0.27	−20.40	−26.67	−21.53
		陕西	0.02	−2.39	−0.89	−1.47	−0.33	−32.99	−40.89	−32.79
		甘肃	0.02	−2.32	−0.77	−1.45	−0.33	−29.10	−39.97	−29.92
		青海	0.02	−2.34	−0.87	−1.43	−0.32	−30.70	−38.56	−28.45
		宁夏	0.02	−2.27	−0.83	−1.45	−0.32	−31.03	−37.78	−29.25
		新疆	0.02	−2.36	−0.92	−1.47	−0.33	−32.27	−39.18	−33.84

从表6−16可以看出如下特点：第一，在Bau情景下，从西部地区各省份的经济增长效应来看，重庆和四川在不采取任何减排措施时，GDP的增长幅度最大，2020年和2030年分别为0.08%和0.06%，比国家整体经济增长速度稍高一些，其他省份，包括内蒙古、贵州、云南、甘肃、陕西、宁夏、青海和新疆2020年和2030年GDP的增幅分别为0.07%和0.06%。就消费和投资的变化情况来看，Bau情景下，2020年西部各地区消费平均增长率为3.24%，投资平均增长率为2.27%；2030年消费和投资的平均增长率分别为3.24%和5.13%。其中，2020年内蒙古和陕西的消费增长率最高，分别是3.47%和3.38%，而四川和云南的消费增长率最低，分别为2.38%和2.36%。相对于2015年基准情景而言，2020年西部地区净出口的平均增长率为2.57%，就业平均降幅为1.93%。从减排效果来看，Bau情景下，内蒙古的碳排放总量变动幅度最大。相对于2015年基准情景而言，2020年内蒙古碳排放总量、碳排放强度和人均排放量变动率分别为45.40%、−15.94%和43.21%，到2030年，内蒙古碳排放总量、碳排放强度和人均

排放量变动率分别为104.70%、-22.27%和95.21%,相比较于2015年,碳排放总量增加了一倍,达到50.17亿吨,人均排放量也增长了近一倍。云南、重庆和四川的碳排放总量、碳排放强度和人均排放量变动率相对较小,2020年云南、重庆和四川的碳排放总量相比较于2015年分别增加了21.10%、21.34%和22.23%,碳排放强度分别降低了10.83%、10.70%和10.69%;到2030年,云南、重庆和四川的碳排放总量相比较于2015年分别增加了53.40%、50.68%和52.50%,碳排放强度分别降低了11.29%、10.39%和12.38%。

第二,在CAP-ave交易情景下,西部地区各省份的GDP增长率相对于Bau情景有所下降。2020年,四川和重庆GDP的增长率为0.04%,其他省份为0.03%;2030年,四川和重庆增长率为0.03%,新疆为0.04%,其他省份为0.02%。相比较而言,内蒙古、新疆和陕西居民消费受碳排放权交易影响较大。相对于2015年基准情景,2020年上述三个省份的居民消费分别减少了1.76%、1.77%和1.88%,到2030年,内蒙古、新疆和陕西居民消费分别减少1.98%、1.84%和1.78%。云南、重庆和四川在CAP-ave情景下投资受碳排放权交易的影响相对较小,相对于2015年基准情景,2020年上述三个省份投资分别减少了0.36%、0.38%和0.27%;到2030年,云南、重庆和四川投资分别减少了0.43%、0.58%和0.52%。相对于2015年基准情景而言,2020年西部地区各省份的净出口平均下降了0.85%,就业率平均降幅为0.51%;到2030年,净出口平均下降了1.38%,就业率平均降幅为0.45%。内蒙古、新疆和陕西净出口和就业受影响最大,云南和重庆受影响最小。从减排效率来看,CAP-ave交易情景下,内蒙古的减排效果最好。2020年,内蒙古碳排放总量、碳排放强度和人均排放量分别降低17.40%、31.42%和28.89%,到2030年,内蒙古碳排放总量、碳排放强度和人均排放量分别降低24.80%、42.07%和35.97%;新疆和陕西的碳减排效果也很突出,2020年上述两个省份的碳排放强度分别下降了28.45%和27.36%,到2030年,新疆和陕西的碳排放强度分别下降了42.68%和41.42%。CAP-ave情景下,碳减排效果最差的是云南。2020年云南的碳排放总量、碳排放强度和人均排放量分别降低了5.04%、12.97%和11.98%;碳减排效果相对较差的是重庆和四川,2020年,上述两省份的碳排放强度分别下降了 14.88% 和 15.79%，到 2030 年，重庆和四川的碳排放强度分别下降了 22.19% 和 23.23%。

第三，在 CAP-opt 交易情景下，西部地区各省份的 GDP 增长率相对于 Bau 情景下较低。2020 年，四川和重庆 GDP 的增长率为 0.03%，其他省份为 0.02%；到 2030 年，西部地区全部省份 GDP 的增长率均为 2%。碳排放权交易导致能源投入减少，就业率下降，居民实际收入下降，居民消费和储蓄投资减少，进出口净额也出现下滑。在 CAP-opt 交易情景下，内蒙古、新疆和陕西居民消费和投资受碳排放权交易的影响较大，相对于 2015 年基准情景，2020 年上述三个省份消费分别减少了 2.03%、1.94% 和 1.97%，投资分别降低了 1.02%、0.89% 和 0.94%；到 2030 年，内蒙古、新疆和陕西居民消费分别降低了 2.47%、2.36% 和 2.39%，投资分别降低了 0.93%、0.92% 和 0.89%。云南、重庆和四川受 CAP-opt 情景下碳排放权交易的影响最小，相对于 2015 年基准情景，2030 年上述三个省份投资分别减少了 0.65%、0.61% 和 0.64%，消费分别减少了 1.81%、1.70% 和 1.73%。到 2030 年，西部地区各省份净出口的平均下降了 1.42%，就业平均降幅为 0.31%。内蒙古、新疆和陕西净出口和就业所受影响较大，云南和重庆所受影响较小。从减排效率来看，CAP-opt 交易情景下，内蒙古碳减排效果最好，相比较于 2015 年基准情景，2020 年内蒙古碳排放总量、碳排放强度和人均排放量分别降低了 27.91%、34.42% 和 27.89%，2030 年内蒙古碳排放总量、碳排放强度和人均排放量分别降低了 34.70%、44.56% 和 36.28%；新疆和陕西的碳减排效果也十分突出，2020 年上述两个省份的碳排放强度较 2015 年基准情景分别下降了 31.41% 和 30.36%，2030 年新疆和陕西的碳排放强度分别下降了 39.18% 和 40.89%。CAP-opt 情景下，碳减排效果最差的省份是云南，2020 年云南的碳排放总量、碳排放强度和人均排放量分别降低了 14.45%、17.92% 和 14.28%，碳减排效果相对较小的是重庆和四川，2020 年上述两个省份的碳排放强度分别下降了 19.82% 和 18.68%；2030 年重庆和四川的碳排放强度分别下降了 27.67% 和 28.86%。

（3）不同情景下碳排放权交易对西部地区三大区域工业碳排放的影响。

本书还模拟了不同情景下碳排放权交易对西部地区三大区域工业碳排放的影响，具体如表 6-17 所示。

表6-17　不同情景下西部地区三大区域经济增长与工业碳排放变动情况

单位：%

年份	情景	区域	经济增长效应					碳减排效应		
			GDP	消费	投资	净出口	就业	碳排放总量	碳排放强度	人均碳排放量
2020	Bau	高值低效区	0.07	3.36	2.75	1.87	-1.85	42.24	-13.14	41.76
		中值中效区	0.07	3.10	2.36	2.43	-1.92	31.93	-12.06	28.94
		低值高效区	0.08	2.90	2.03	2.74	-1.92	21.10	-10.73	20.47
	CAP-ave	高值低效区	0.03	-1.73	-0.65	-1.28	-1.92	-14.78	-29.34	-26.93
		中值中效区	0.03	-1.36	-0.48	-1.32	-1.93	-10.99	-16.98	-17.34
		低值高效区	0.04	-1.27	-0.30	-0.70	-1.93	5.30	-13.94	-12.62
	CAP-opt	高值低效区	0.02	-1.92	-0.92	-0.50	-0.66	-25.94	-32.63	-26.42
		中值中效区	0.02	-1.68	-0.67	-0.36	-0.65	-21.19	-27.08	-23.51
		低值高效区	0.03	-1.27	-0.35	-0.15	-0.61	-14.42	-18.04	-14.73
2025	Bau	高值低效区	0.06	5.43	5.77	2.08	1.93	74.44	-15.24	62.96
		中值中效区	0.06	4.86	3.99	2.72	-1.94	53.01	-10.89	49.13
		低值高效区	0.07	5.45	3.37	2.84	-1.93	32.24	-0.83	-0.57
	CAP-ave	高值低效区	0.03	-1.76	-0.65	-1.54	-1.92	-17.96	-34.45	-29.14
		中值中效区	0.02	-1.65	-0.59	-1.20	-1.93	-12.27	-27.67	-23.13
		低值高效区	0.03	-1.26	-0.50	-1.03	-1.92	-7.45	-17.05	-15.74
	CAP-opt	高值低效区	0.02	-2.15	-0.89	-1.05	-0.59	-29.12	-36.74	-28.56
		中值中效区	0.02	-2.02	-0.69	-0.81	-0.39	-22.87	-29.67	-23.80
		低值高效区	0.02	1.54	0.53	0.58	0.54	-17.51	-24.17	-17.83
2030	Bau	高值低效区	0.06	6.45	6.81	3.57	-1.93	94.67	-18.64	83.18
		中值中效区	0.06	5.59	6.42	3.64	-1.93	62.33	-15.19	72.21
		低值高效区	0.06	6.48	6.43	3.75	-1.92	50.43	-11.98	47.68
	CAP-ave	高值低效区	0.02	-1.89	-0.68	-1.72	-0.52	-23.16	-42.95	-32.42
		中值中效区	0.02	-1.67	-0.64	-1.35	-0.41	-15.38	-32.22	-26.53
		低值高效区	0.02	-1.23	-0.53	-1.14	-0.32	11.62	-21.23	-20.87
	CAP-opt	高值低效区	0.02	-2.34	-0.90	-1.46	-0.33	-33.42	-43.14	-34.71
		中值中效区	0.02	-2.23	-0.74	-1.39	-0.31	-26.47	-34.32	-25.79
		低值高效区	0.02	-1.70	-0.61	-1.31	-0.70	-20.61	-27.29	-21.92

表 6 – 17 显示了不同情景下西部地区三大区域经济增长与碳排放变化情况。对于高值低效区而言，碳排放权交易对于该地区经济发展和碳排放的影响十分显著。从经济增长指标来看，相较于 Bau 情景，CAP-ave 和 CAP-opt 情景下碳排放权交易对经济发展的影响较大，原因在于高值低效区的企业很大一部分属于高能耗与高排放企业，碳排放权交易增加了这类企业的生产成本，企业成本的增加最终转嫁于消费品价格，而消费品的价格上涨导致该地区 GDP 增长率、消费、投资、净出口均有一定程度的下滑。相较于 Bau 情景，2020 年高值低效区 CAP-ave 情景下的 GDP 增长率、消费、投资、净出口和就业率分别下降了 0.04%、5.09%、3.4%、3.15% 和 0.07%，CAP-opt 情景下 GDP 增长率、消费、投资、净出口和就业率分别下降了 0.05%、5.28%、3.67%、2.37% 和 1.19%；到 2030 年，该地区 CAP-ave 情景下的 GDP 增长率、消费、投资、净出口相对于 Bau 情景分别下降了 0.04%、8.34%、7.49%、5.29%，就业率上升了 1.41%，CAP-opt 情景下的 GDP 增长率、消费、投资、净出口分别下降了 0.04%、8.79%、7.71%、5.03%，就业率上升了 1.6%。从减排效果来看，CAP-ave 情景的减排效果比 Bau 情景下更好，而 CAP-opt 情景的减排效果比 CAP-ave 情景更胜一筹。相较于 Bau 情景，2020 年高值低效区在 CAP-ave 和 CAP-opt 优化分配情景下碳排放总量分别降了 57.02% 和 68.8%，CAP-ave 和 CAP-opt 情景下碳排放强度分别降低了 16.2% 和 19.49%，从人均碳排放量来看，CAP-ave 和 CAP-opt 情景较 Bau 情景人均碳排放量分别降低 68.69% 和 68.18%。到 2030 年，相较于 Bau 情景，高值低效区 CAP-ave 和 CAP-opt 情景下碳排放总量分别降低 117.83% 和 128.09%，CAP-ave 和 CAP-opt 情景下碳排放强度分别下降了 24.31% 和 24.5%，同样，CAP-ave 和 CAP-opt 情景下人均碳排放量也有较大幅度的下降，分别比 Bau 情景下降低 115.6% 和 117.89%。

对中值中效区而言，碳排放权交易对于该地区经济发展和碳排放的影响也十分显著。从经济增长指标来看，碳排放权交易导致该地区的 GDP 增长率、消费、投资、净出口和就业率均有一定程度的下滑。2020 年，相较于 Bau 情景，中值中效区 CAP-ave 情景下的 GDP 增长率、消费、投资、净出口和就业率分别下降了 0.04%、4.46%、2.84%、3.75% 和 0.01%；CAP-opt 情景下的 GDP 增长率、消费、投资、净出口分别下降了 0.05%、

4.78%、3.03%、2.79%，就业率上升了 1.27%。到 2030 年，该地区 CAP-ave 情景下的 GDP 增长率、消费、投资、净出口相对于 Bau 情景分别下降了 0.04%、7.26%、7.06%、4.99%，就业率上升了 1.52%；CAP-opt 情景下 GDP 增长率、消费、投资、净出口分别下降了 0.04%、7.82%、7.16%、5.03%，就业率上升了 1.62%。从碳减排绩效来看，2020 年，CAP-ave 和 CAP-opt 情景比 Bau 情景碳排放总量分别减少了 42.92% 和 53.12%；到 2030 年，CAP-ave 和 CAP-opt 情景比 Bau 情景碳排放总量分别减少了 77.71% 和 88.8%。就碳排放强度而言，相对于 Bau 情景而言，2020 年 CAP-ave 和 CAP-opt 情景下的碳排放强度分别下降了 4.92% 和 15.02%，2030 年 CAP-ave 和 CAP-opt 情景下碳排放强度分别下降了 17.03% 和 19.13%；从人均碳排放量来看，CAP-ave 和 CAP-opt 情景下 2020 年人均碳排放量分别比 Bau 情景降低了 46.28% 和 52.45%，到 2030 年，两种情景下人均碳排放量分别比 Bau 情景降低了 98.74% 和 98%。

对于低值高效区而言，碳排放权交易对于该地区经济发展和碳排放的影响相对较少，原因在于低值高效区经济发展对于能源的依赖度相对较低，碳排放权交易对企业成本的影响也相对较小。从经济增长指标来看，碳排放权交易导致该地区 GDP 增长率、消费、投资、净出口均有一定程度的下滑。2020 年，相较于 Bau 情景，低值高效区 CAP-ave 情景下的 GDP 增长率、消费、投资、净出口和就业率分别下降了 0.04%、4.17%、2.33%、3.44% 和 0.01%，CAP-opt 情景下的 GDP 增长率、消费、投资和净出口分别下降了 0.05%、4.17%、2.38% 和 2.89%，就业率上升了 1.31%。到 2030 年，该地区 CAP-ave 情景下的 GDP 增长率、消费、投资和净出口相对于 Bau 情景分别下降了 0.04%、7.71%、6.96% 和 4.89%，就业率提升了 1.6%，CAP-opt 情景下的 GDP 增长率、消费、投资和净出口分别下降了 0.04%、8.18%、7.04% 和 5.06%，就业率上升了 1.22%。从碳排放权交易的减排绩效来看，相比于 Bau 情景而言，2020 年，CAP-ave 和 CAP-opt 情景下碳排放总量分别减少了 15.8% 和 35.52%，2030 年 CAP-ave 和 CAP-opt 情景下碳排放总量分别减少了 38.81% 和 71.04%。从碳排放强度指标来看，2020 年 CAP-ave 和 CAP-opt 情景下碳排放强度分别比 Bau 情景下降了 3.21% 和 7.31%。2030 年 CAP-ave 和 CAP-opt 情景下碳排放强度比 Bau 情景分别下降了 9.25% 和 15.31%；从人均碳排放量来看，CAP-ave 和 CAP-opt 情景下碳减排的效果都比 Bau 情景效果更为明显，2020 年 CAP-ave 和 CAP-opt 情景下人均碳排放量比 Bau 情景分别降低了 33.09% 和 35.2%，2030 年 CAP-ave 和 CAP-opt 情景下人均碳排放量比 Bau 情景分别下降了 68.55% 和 69.6%。

从以上模拟结果可以看出，碳排放权交易对高值低效区工业碳减排的影响效应最大，其次为中值中效区，碳排放权交易对低值高效区工业碳减排的影响相对较小。到 2030 年，相对于 2015 年基准情景而言，高值低效区在 Bau、CAP-ave 和 CAP-opt 三种情景下碳排放强度的变动率分别为 -18.64%、-42.95% 和 -43.14%，中值中效区三种情景下碳排放强度的变动率分别为 -15.19%、-32.22% 和 -34.32%；低值高效区 Bau、CAP-ave 和 CAP-opt 三种情景下碳排放强度的变动率分别为 -11.98%、-21.23% 和 -27.29%。这说明在碳排放权交易机制下，高污染地区和高污染行业承担了主要的减排责任，相对而言，低污染地区和低污染行业，减排的压力相对较小，减排的贡献也较小。

总体而言，相对于 Bau 情景而言，到 2020 年，高值低效区在碳排放权政策限制的 CAP-ave 和 CAP-opt 情景下，碳排放强度分别降低了 16.62% 和 19.49%；中值中效区在 CAP-ave 和 CAP-opt 情景下碳排放强度分别降低 4.92% 和 15.02%，低值高效区碳在 CAP-ave 和 CAP-opt 情景下碳排放强度分别降低 3.21% 和 7.31%；估计到 2030 年，高值低效区在 CAP-ave 和 CAP-opt 情景下碳排放强度分别降低 24.31% 和 24.5%，中值中效区在这两种情景下碳排放强度分别降低 17.03% 和 19.13%，低值高效区在 CAP-ave 和 CAP-opt 情景下碳排放强度分别降低 9.25% 和 15.31%。由此可见，碳排放权交易政策实施后，碳排放权作为一种要素投入，实现了市场流通，缓解了工业行业部门之间的减排压力，加速了西部地区工业碳减排的步伐。

6.2.2 碳税对西部地区工业碳减排效果模拟

碳税是一种针对二氧化碳排放所设置的税种，旨在通过开征碳税降低各经济主体的二氧化碳排放量，从而达到环境保护的目标。碳税作为应对全球气候变化和碳减排的非常重要的手段，被普遍认为是减少碳排放最具市场效率的经济手段之一（Baranzini，2002）。与其他碳排放控制手段相比，碳税兼具环境改善和政府增收的"双重红利"，既能改善环境质量和矫正税制扭曲，又能促进企业降低成本、采用节能减排技术（Pearce，1991；Brandt，2014；何平林，2019），作为一种气候治理的政策模式，得到长期而广泛的拥护（Zhang，2004）。

6.2.2.1 模型与数据来源

碳税的征收方式分为在生产环节征收和在消费端征收两种。其中，在生产环节征收碳税的方式较为简单，有利于碳税的征管和源头控制，得到了学界的广泛认可。为了减少征管成本、保障碳税的有效征收，碳税在生产环节征收更符合我国的国情（姚昕和刘希颖，2010）。基于此，本书使用在生产环节设计碳税的征收方式，以各生产部门和居民使用能源产品带来的碳排放量作为税基，采取从量计税法，得到企业的碳税征收额，公式为：

$$CT_{i,t}^{j} = \vartheta \sum_{e}^{E} E_{i,t}^{j} \tau_{j,e}^{c} \kappa_{e,j,t} \qquad (6.9)$$

其中，$E_{i,t}^{j}$ 表示部门能源使用量，$\kappa_{e,j,t}$ 表示国家 j 在第 t 期化石能源 e 所提供的能源消费量占比，$\tau_{j,e}^{c}$ 表示 j 国家能源 e 的碳排放强度，ϑ 表示碳税税率。根据赫尔（Hoel，1996）的模型，在商品可在国家间自由流通的情况下，各国各部门的碳税保持一致。这样，全球总的碳税征收量可以表示为：

$$CT_{t}^{g} = \vartheta \left(\sum_{i}^{I} \sum_{j}^{J} \sum_{e}^{E} \tau_{j,e}^{c} \kappa_{e,j,t} E_{i,t}^{j} + \sum_{j}^{J} \sum_{e}^{E} \tau_{j,e}^{C} \kappa_{e,j,t} E_{C,t}^{j} \right) \qquad (6.10)$$

其中，$E_{i,t}^{j}$ 表示企业生产的能源使用量。

企业缴纳的碳税会增加企业的生产成本，激励企业进行低碳投资，因此将企业缴纳的碳税转嫁到企业对下期的资本投资上，即从企业的下期投资中扣除碳税 $I_{i,j,t}^{c-tax-out}$，可以表示为：

$$I_{i,j,t}^{c-tax-out} = \phi CT_{i,t}^{j} \qquad (6.11)$$

碳税的征收影响了企业的资本回报率，因此对于资本的流动也会产生重要的影响。基于投资回报率均衡模式和资本吸引力模式复合而成，在碳税的影响下，其表达式分别变为：

$$R_1(i, j, t) = \frac{\alpha_i \gamma_i}{s_k - \omega_{t+1}^g + (1 - \tilde{\eta}_{t+1})(1 - \varphi)s_t \tilde{s}_{t+1}} E\left[\frac{X_{i,t+1}^j}{X_{i,t+1}^g}\right]$$

$$- \frac{\omega_{i,t+1}^j}{s_k - \omega_{t+1}^g + (1 - \tilde{\eta}_{t+1})(1 - \varphi)s_t \tilde{s}_{t+1}} E\left[\frac{X_{i,t+1}^j}{X_{i,t+1}^g}\right]$$

$$+ \frac{(1 - \tilde{\eta}_{t+1})(1 - \varphi)s_t \tilde{s}_{t+1}}{s_k - \omega_{t+1}^g + (1 - \tilde{\eta}_{t+1})(1 - \varphi)s_t \tilde{s}_{t+1}} E[R_{i,t+1}^j] \qquad (6.12)$$

$$TK_{i,j}^{x,y} = K_{i,t}^j w_t^y L_t^y \frac{\alpha_x X_x^y p_{x,t} - CT_{x,t}^y}{K_{x,t}^y} \exp\left(-\upsilon \left| \ln \frac{Y_t^i}{Y_t^y} \right| + 1\right) \qquad (6.13)$$

式（6.12）是投资回报率均衡模式下各国各部门获得投资的权重，$\omega_{i,t+1}^j$ 表示碳税占 j 部门 i 增加值的比例，ω_{t+1}^g 表示碳税占全国增加值的比例。式（6.13）是资本吸引力模式中，y 部门 x 对国家 j 部门 i 的资本吸引力强度。

总体上看，我国的税收收入占国民收入的比重较大，引入碳税后，理论上将会增加企业和个人税负，政府增加税收收入，从而进一步加剧我国税负过高的状况。因此，在政府税收支出上，需要进行调整考虑。碳税的收入，不应该成为增加政府消费支出的财政来源，而应该优先考虑通过碳税一方面调节经济行为、落实节能减排任务；另一方面政府将碳税收入全部用于提高社会经济福利，尤其是企业和居民的经济福利。因此，假设政府在征收碳税的同时，将碳税的收入用于弥补居民或企业的福利损失，从而保持政府收入中性，以缓解我国个人和企业税负过重的问题。

基于这样一种基本设想，本书设计将碳税的税收收入全部用于补贴居民或降低企业所得税的情景。在具体模拟机制上，在确定碳排放减少10%的目标情况下，实现碳税税率的内生优化。在补贴居民的情景下，碳税的税收收入通过转移性支付方式直接增加居民的可支配收入，城乡居民获得转移支付的比例按照基期的该比例值来确定。在降低企业所得税的情景下，政府的税收收入固定为基准情景的结果值，即保持政府税收收入不变，企业所得税税率内生，政府在新增能源税或碳税收入的情况下，可以降低企业所得税的税率。具体的情景设计如表6-18所示。

表 6–18　　　　　　　　　碳减排条件下的碳税情景假设

情景名称	假设
CTAX + LUM	开征从量碳税，税收全部用于返还给居民
CTAX + ENT	开征从量碳税，同时降低企业所得税税率

本书以《2007 年中国投入产出表》为基础，将工业部门按需求进行合并。构建社会核算矩阵大量的数据基础，除投入产出表外，其他相关数据主要来自《中国统计年鉴》《中国环境年鉴》《国际收支平衡表》《中国能源统计年鉴》等。在编制宏观 SAM 时，由于很多数据来自不同的统计资料，加上这些统计资料的统计口径不同，因此在编制过程中难免出现一些账户的不平衡（即收入与支出不等），这时本书采用最小交叉熵法使其平衡。运用 CGE 模型进行政策模拟涉及一系列重要的模型参数，比如各种生产投入和消费投入之间的替代弹性、产出之间的转换弹性、收入、支出份额、税收税率以及贸易参数等。CGE 参数的估计方法有一套规则，本书 CGE 的参数估计分为以下三种：（1）根据投入产出表直接得出。模型绝大多数参数直接来自投入产出表，如中间投入系数、份额参数、储蓄率、各种税率。（2）简单计量估计，如生产中的要素替代弹性。（3）参考前人研究成果进行设定，如进出口弹性主要参考范金（2004）的做法进行设定，效用函数中的参数参考林伯强和何晓萍（2008）的参数设定。为了减少征管成本、保障碳税的有效征收，碳税在生产环节征收更符合我国的国情，进行政策模拟的时候本书也采用这样的假设。模拟中本书只考虑了由化石能源带来的碳排放，具体计算方法如式（6.9）所示。

6.2.2.2　模拟结果分析

（1）碳税对西部地区经济增长与工业碳排放的影响模拟。

根据上文的模型，本书模拟了不同税率的"生产性碳税"对西部地区经济发展和工业碳减排绩效的影响。受篇幅限制，仅选择了 10 元/吨、40元/吨和 60 元/吨这三档税率进行模拟。之所以选择这三档税率进行分析，主要是因为国家发展改革委、财政部 2010 年拟定的《"中国碳税税制框架设计"专题报告》建议碳税在征收初期对每吨二氧化碳排放征税 10 元，到 2020 年，建议对每吨二氧化碳排放征税 40 元。为了进一步考察高税率的减排效果及其对经济产生的影响，本书又对 60 元/吨的税率进行了模拟分析。

在碳税为 10 元/吨的情景下，西部地区经济增长与工业碳排放变动情况如表 6-19 所示。

表 6-19　　　10 元/吨碳税情景下西部地区经济增长与工业碳排放变动情况

单位：%

年份	经济增长效应					碳减排效应		
	GDP	消费	投资	净出口	就业	碳排放总量	碳排放强度	人均碳排放量
2015	-0.05	-0.04	-0.01	-0.18	-1.90	-1.01	-10.21	-4.93
2016	-0.06	-0.05	-0.02	-0.22	-1.93	-1.42	-12.31	-5.36
2017	-0.07	-0.06	-0.03	-0.24	-1.93	-1.09	-12.44	-6.67
2018	-0.09	-0.08	-0.04	-0.26	-1.91	-1.62	-14.43	-7.12
2019	-0.11	-0.10	-0.06	-0.29	-1.95	-1.48	-15.56	-8.43
2020	-0.13	-0.12	-0.08	-0.30	-1.92	-1.90	-15.79	-9.24
2021	-0.15	-0.14	-0.10	-0.27	-1.94	-1.92	-17.13	-10.36
2022	-0.17	-0.17	-0.12	-0.28	-1.94	-2.68	-18.24	-11.02
2023	-0.19	-0.19	-0.15	-0.31	-1.93	-2.25	-19.25	12.58
2024	-0.22	-0.21	-0.17	-0.32	-1.94	-2.01	-19.85	-134.75
2025	-0.24	-0.23	-0.20	-0.34	-1.93	-3.78	-21.52	-14.97
2026	-0.26	-0.25	0.22	-0.35	-1.93	-3.63	-22.67	-16.23
2027	-0.29	-0.28	-0.24	-0.31	-1.93	-3.98	-23.86	-17.63
2028	-0.32	-0.31	-0.26	-0.32	-1.92	-4.24	-24.23	-18.58
2029	-0.36	-0.34	-0.28	-0.32	-1.93	-4.98	-26.98	-19.72
2030	-0.39	-0.57	-0.30	-0.31	-1.94	-4.66	-28.75	-20.41

从表 6 - 19 的模拟结果可以看出，在征收 10 元/吨碳税的情景下，西部地区经济增长速度受到一定的影响。相比较于基准情景而言，2015 ～ 2030 年 GDP 增长率平均下降 0.19% 左右，消费平均下降 0.2%，投资平均下降 0.115%。消费和投资变化都与国内商品销售价格密切相关，征收碳税之后，受碳排放政策的限制，政策所覆盖的工业部门减排机会成本上升，增加的减排成本通过商品价格传导至消费品价格，从而对消费和投资产生了不利的影响。就进出口指标变动来看，由于碳税的征收导致商品销售价格涨幅较大，从而影响了出口价格，抑制出口，导致净出口值平均下降了 0.29%。从就业效应来看，征收碳税之后，就业需求总体趋于减少，相对于 2015 年的不变价格而言，就业的平均降幅为 1.93%。可以预期，不同就业群体因碳税所受到的影响不同。生产一线工人所受冲击较大，专业技术人员所受冲击较小。

从工业部门碳减排效果来看，征收 10 元/吨的碳税后，西部地区能源消费和碳排放将以缓慢的速度持续下降。相对于 2015 年的不变价格，2020 年碳排放总量相对于基准情景下降了 1.9%，当年的碳减排量为 6100 万吨；到 2030 年，碳排放总量相对于基准下降了 4.66%，共计减排 24033 万吨；从碳排放量强度来看，相对于 2015 年的不变价格，到 2020 年，碳排放强度相对于基准情景下降了 15.79%，碳排放强度下降了 1.0648 吨/万元；到 2030 年，碳排放强度相对于基准下降了 28.75%，此时的碳排放强度为 4.41 吨/万元；从人均碳排放量来看，相对于 2015 年的不变价格，到 2020 年，人均碳排放量相对于基准情景下降了 9.24%，如果以 2015 年不变价格来计算，则人均碳排放量相对于下降了 0.83 吨/人；到 2030 年，人均碳排放量相对于基准下降了 20.41%，此时的碳排放强度为 11.92 吨/万元。

在征收 10 元/吨的碳税情景下，西部地区工业碳排放总量到 2020 年上升为 31.50 亿吨标准煤，是 2015 年的 1.29 倍，碳排放强度为 5.68 吨/万元，比 2015 年基准情形下降 15.79%；到 2030 年，西部地区工业碳排放总量为 49.27 亿吨，是 2015 年的 2 倍左右，碳排放强度为 4.41 吨/万元，比 2015 年基准情形下降 28.75%，这与 2020 年碳排放强度比 2005 年下降 40% ～ 45% 及 2030 年碳排放强度比 2005 年下降 60% ～ 65% 的减排目标还有一段距离。由此可见，西部地区在征收 10 元/吨的碳税情况下，无法完成我国在哥本哈根气候大会和巴黎气候大会上承诺的减排目标。

在碳税为40元/吨的情景下，西部地区经济增长和工业碳排放与基准情景相比较的变动情况如表6-20所示。

表6-20　　　　40元/吨碳税情景下西部地区经济增长与工业碳排放变动情况

单位：%

年份	经济增长效应					碳减排效应		
	GDP	消费	投资	净出口	就业	碳排放总量	碳排放强度	人均碳排放量
2015	-0.06	-0.37	-0.04	-0.18	-1.92	-10.03	-20.21	-8.95
2016	-0.10	-0.58	-0.05	-0.22	-1.93	-9.82	-20.32	-9.23
2017	-0.14	-1.91	-0.08	-0.11	-1.94	-10.49	-21.34	-10.44
2018	-0.19	-1.38	-0.11	-0.23	-1.91	-13.02	-23.65	-11.16
2019	-0.22	-2.52	-0.14	-0.24	-1.95	-13.88	-24.62	-12.22
2020	-0.25	-2.81	-0.18	-0.30	-1.94	-15.30	-25.79	-13.32
2021	-0.28	-3.08	-0.22	-0.27	-1.95	-16.32	-26.83	-14.26
2022	-0.33	-3.32	-0.36	-0.28	-1.95	-16.08	-27.54	-16.07
2023	-0.35	-3.55	-0.30	-0.29	-1.96	-17.65	-28.23	-18.64
2024	-0.37	-3.99	-0.34	-0.32	-1.96	-18.41	-28.91	-20.23
2025	-0.39	-4.22	-0.37	-0.32	-1.93	-19.18	-29.52	-22.10
2026	-0.41	-4.37	-0.39	-0.34	-1.93	-20.03	-30.64	-24.17
2027	-0.42	-4.54	-0.41	0.31	-1.93	-20.38	-30.87	-25.24
2028	-0.43	-4.76	-0.45	0.31	-1.92	-20.64	-31.23	25.64
2029	-0.44	-5.02	-0.47	0.31	-1.94	-21.38	-31.56	-26.32
2030	-0.45	5.34	-0.50	0.33	-1.94	-22.06	-32.74	-29.18

注：根据模型模拟计算结果整理，短期变化为模型不引入动态机制情况下的运行结果相对基期的变化。

从模拟结果来看，在征收40元/吨碳税的情景下，西部地区经济增长速度受到了更大程度的冲击。相比较于基准情景而言，经济增长速度年均下降了近0.30%。就消费和投资的变化来看，2015～2030年消费相对于基准情景平均下降了 2.57%，投资相对于基准情景平均下降 0.28%。碳税的征收也影响了进出口价格，抑制了出口，导致净出口值平均下降了 0.115%。从就业效应来看，相对于 2015 年的不变价格而言，2030 年就业率相对于基准情景下降了 1.94%。

从工业碳减排效果来看，征收 40 元/吨的碳税后，西部地区能源消费和碳排放以较快速度持续下降。相对于 2015 年的不变价格，2020 年西部地区工业碳排放总量相对于基准情景下降了 15.30%，当年碳排放总量下降了 49128 万吨；到 2030 年，碳排放总量下降了 22.06%，共计减排 113774 万吨；从碳排放强度来看，相对于 2015 年的不变价格，2020 年西部地区工业碳排放强度相对于基准情景下降了 25.79%，以 2015 年不变价格来计算，则碳排放强度下降了 1.739 吨/万元；到 2030 年，碳排放强度相对于基准情景下降了 32.74%，此时的碳排放强度为 4.16 吨/万元；从人均碳排放量来看，相对于 2015 年的不变价格，2020 年西部地区人均碳排放量相对于基准情景下降了 13.32%，如果以 2015 年不变价格来计算，则人均碳排放量相对于基准情景下降了 1.20 吨/人；到 2030 年，人均碳排放量相对于基准情景下降了 29.18%，人均碳排放量减少 8.99 吨/人。

在征收 40 元/吨的碳税之后，西部地区工业碳排放总量到 2020 年上升为 27.20 亿吨标准煤，是 2015 年的 1.11 倍，碳排放强度为 5.002 吨/万元，是 2015 年的 69.48%；到 2030 年，西部地区工业碳排放总量为 40.20 亿吨，是 2015 年的 1.64 倍，碳排放强度为 4.16 吨/万元，是 2015 年的 57.78%。则 2020 年和 2030 年的碳排放强度分别比 2015 年基准情景下降了 24.15% 和 31.44%，这与我国承诺的 2020 年碳排放强度比 2005 下降 40%～45% 和 2030 年碳排放强度比 2005 年下降 60%～65% 的减排目标还有一段距离。由此可见，西部地区在征收 40 元/吨碳税的情况下，还是无法完成我国在哥本哈根气候大会和巴黎气候大会上承诺的减排目标。

在碳税为 60 元/吨的情景下，西部地区经济增长和工业碳排放与基准情景相比较的变动情况如表 6－21 所示。

表6-21　60元/吨碳税情景下西部地区经济增长与工业碳排放变动情况　单位：%

年份	经济增长效应					碳减排效应		
	GDP	消费	投资	净出口	就业	碳排放总量	碳排放强度	人均碳排放量
2015	-0.08	-1.24	-1.37	-0.78	-1.93	-14.24	-24.11	-12.85
2016	-0.15	-1.45	-1.58	-0.92	-1.92	-15.89	-26.22	-13.26
2017	-0.22	-1.78	-1.91	-0.81	-1.92	-16.49	-28.34	-13.45
2018	-0.29	-2.25	-1.38	-0.33	-1.91	-18.02	-30.56	-13.27
2019	-0.35	-2.39	-1.52	-0.34	-1.90	-20.45	-32.02	-16.35
2020	-0.41	-2.68	-1.81	-0.30	-1.87	-22.14	-34.19	-18.38
2021	-0.46	-2.95	-0.08	-0.27	-1.84	-24.35	-37.43	-20.63
2022	-0.51	-3.19	-0.32	-0.28	-1.74	-26.26	-39.55	-22.18
2023	-0.55	-3.42	-0.55	-0.37	-1.71	-28.75	-41.76	-24.74
2024	-0.60	-3.86	-0.99	-0.72	-1.67	-30.41	-43.72	-26.13
2025	-0.64	-4.09	-0.22	-0.82	-1.63	-32.54	-45.45	-29.17
2026	-0.68	-5.24	-0.37	-0.92	-1.51	-34.59	-47.63	-32.19
2027	-0.71	-4.41	-0.54	0.11	-1.42	-36.83	-49.76	-35.42
2028	-0.74	-4.63	-0.76	0.31	-1.32	-38.64	-41.24	38.65
2029	-0.76	-5.89	-0.62	0.31	-1.23	40.38	-54.16	-42.38
2030	-0.78	-5.21	-0.34	0.43	-1.18	-43.06	-46.72	-44.29

注：根据模型模拟计算结果整理，短期变化为模型不引入动态机制情况下的运行结果相对基期的变化。

　　从模拟结果来看，在征收60元/吨碳税的情景下，西部地区社会经济增长速度受到了较大的影响。相比较于基准情景而言，2015～2030年经济增长速度年均下降了近0.50%。就消费和投资的变化来看，2015～2030年消费平均下降3.42%，投资平均下降0.86%，就对外贸易指标变动来看，在征收60元/吨碳税的情景下，净出口值平均下降了0.36%。从就业效应来看，相对于2015年的不变价格而言，就业相对于基准情景平均下降了1.67%。

　　从工业碳减排效果来看，在征收60元/吨碳税的情景下，西部地区能源消费和碳排放将以更快速度持续下降。相对于2015年的不变价格，2020年碳排放总量相对于基准情景下降了22.14%，碳排放总量下降了71092万吨；到2030年，碳排放总量相对于基准情景下降了43.06%，共计减排222082万吨；从碳排放强度来看，2020年碳排放强度相对于基准情景下降了34.19%，如果以2015年不变价格来计算，则碳排放强度下降了2.305吨/万元；到2030年，碳排放强度相对于基准情景下降了46.72%，此时的碳排放强度为3.298吨/万元；从人均碳排放量来看，2020年人均碳排放量相对于基准情景下降了18.38%，如果以2015年不变价格来计算，则人均碳排放量下降了1.66吨/人；到2030年，人均碳排放量相对于基准下降了44.29%，此时的人均碳排放为8.09吨/人。

在征收60元/吨的碳税之后，西部地区工业碳排放总量到2020年上升为25亿吨标准煤，是2015年的1.02倍，碳排放强度为4.44吨/万元，比2015年基准情景下降32%；到2030年，西部地区工业碳排放总量为29.37亿吨，是2015年的1.19倍，碳排放强度为3.298吨/万元，比2015年基准情景下降44.50%。这一减排效果与我国承诺的2020年碳排放强度比2005年下降40%~45%和2030年碳排放强度比2005年下降60%~65%的减排目标非常接近。

基于上述分析可以看出，随着碳税税率的提高，碳税的征收对西部地区经济发展和工业碳减排绩效均产生了显著的影响。从对经济增长的影响来看，碳税导致企业生产成本提高，企业虽然自身消化了一部分，但成本的增加会以产品价格上涨的方式转嫁给下游消费者，从而对消费、投资和就业产生了不利的影响；征收碳税势必会对经济发展产生负面影响，在三档税率下，其对GDP增长率的影响分别为-0.19%、-0.30%和-0.50%，对消费的影响分别为-0.20%、-2.57%和-3.42%，对投资的影响分别为-0.115%、-0.28%和-0.86%，对净出口的影响分别为-0.29%、-0.115%和0.36%，对就业的影响分别为-1.93%、-1.94%和-1.67%。碳税的征收对西部地区工业碳减排起到了良好的激励作用，2020年，三档税率相对于2015年基准情形而言，碳排放总量分别减少了1.90%、15.30%和22.14%，碳排放强度分别减少15.79%、25.79%和34.19%，人均碳排放量分别减少了减少9.24%，13.32%和18.38%。到2030年，相对于2015

年基准情形而言，三档税率下，碳排放总量分别减少了 4.66%、22.06% 和 43.06%，碳排放强度分别减少了 28.75%、32.74% 和 46.72%，人均碳排放量分别减少了 20.41%、29.18% 和 44.29%。

在减排效应方面，高碳税税率的节能减排效果要好于低碳税税率的节能减排效果，尤其是当碳税税率为 60 元/吨时，基本能够完成我国在国际会议上所作的碳减排承诺。

（2）碳税对西部地区各省份经济增长与碳减排影响效应模拟。

除了模拟不同碳税税率对西部地区整体经济增长和碳排放的影响效应之外，本书也对西部地区不同省份碳税税率变化对经济增长和碳排放的影响效应进行了模拟。西部地区各省份 2020～2030 年在 10 元/吨、40 元/吨和 60 元/吨三种碳税税率情景下经济增长与碳排放变动情况如表 6-22 所示。

表 6-22　　　　不同碳税税率情景下西部地区各省份经济增长与碳排放变动情况

单位：%

年份	税率	省份	增长效应					碳减排效应		
			GDP	消费	投资	净出口	就业	碳排放总量	碳排放强度	人均碳排放量
2020	10 元/吨	内蒙古	-0.32	-0.21	-1.29	-0.43	-1.91	-3.66	-22.75	-17.02
		广西	-0.14	-0.17	-1.08	-0.23	-1.91	-2.77	-12.34	-12.16
		重庆	-0.08	-0.14	-0.82	-0.28	-1.95	-1.18	-7.67	-6.76
		四川	-0.09	-0.13	-0.78	-0.25	-1.95	-1.23	-7.86	-7.14
		贵州	-0.14	-0.28	-1.09	-0.27	-1.93	-1.29	-9.67	-8.75
		云南	-0.12	-0.28	-0.65	-0.28	-1.97	-1.40	-10.67	-9.53
		陕西	-0.23	-0.22	-1.06	-0.34	-1.94	-2.99	-17.89	-15.79
		甘肃	-0.16	-0.17	-1.14	-0.32	-1.95	-2.10	-15.97	-12.92
		青海	-0.21	-0.18	-0.92	-0.25	-1.94	-1.70	-14.56	-11.45
		宁夏	-0.14	-0.17	-1.13	-0.22	-1.92	-2.03	-16.78	-12.25
		新疆	-0.17	-0.13	-1.17	-0.32	-1.92	-2.58	-16.18	-13.84

续表

年份	税率	省份	增长效应					碳减排效应		
			GDP	消费	投资	净出口	就业	碳排放总量	碳排放强度	人均碳排放量
2020	40 元/吨	内蒙古	-0.42	-0.23	-2.19	-0.33	-1.89	-23.66	-32.75	-27.01
		广西	-0.31	-0.19	-2.08	-0.21	-1.78	-12.77	-22.34	-22.11
		重庆	-0.18	-0.19	-1.12	-0.27	-1.93	-11.68	-17.67	-27.72
		四川	-0.19	-0.18	-1.11	-0.25	-1.93	-11.50	-17.86	-27.13
		贵州	-0.24	-0.31	-1.49	-0.29	-1.91	-13.43	-19.67	-28.74
		云南	-0.22	-0.23	-1.15	-0.29	-1.92	-12.40	-20.67	-29.55
		陕西	-0.33	-0.24	-2.06	-0.35	-1.90	-16.99	-27.89	-25.74
		甘肃	-0.26	-0.20	-2.17	-0.31	-1.90	-14.10	-25.97	-22.22
		青海	-0.31	-0.21	-2.04	-0.24	-1.91	-14.70	-24.56	-21.32
		宁夏	-0.24	-0.19	-1.83	-0.22	-1.89	-14.03	-26.78	-22.28
		新疆	-0.27	-0.17	-2.17	-0.31	-1.89	-15.58	-22.18	-21.84
	60 元/吨	内蒙古	-0.47	-0.26	-3.19	-0.35	-1.74	-33.23	-42.98	-37.23
		广西	-0.37	-0.21	-2.38	-0.23	-1.78	-21.34	-27.34	-28.45
		重庆	-0.21	-0.20	-1.42	-0.30	-1.73	-15.65	-21.67	-22.71
		四川	-0.23	-0.21	-1.58	-0.29	-1.73	-16.07	-21.86	-21.14
		贵州	-0.25	-0.33	-1.89	-0.31	-1.76	-18.45	-29.67	-28.75
		云南	-0.27	-0.25	-1.45	-0.32	-1.75	-15.46	-24.67	-25.32
		陕西	-0.38	-0.27	-2.36	-0.37	-1.76	-23.18	-35.89	-35.34
		甘肃	-0.29	-0.24	-2.47	-0.33	-1.75	-24.76	-33.97	-32.56
		青海	-0.34	-0.24	-2.24	-0.26	-1.76	-22.72	-32.56	-31.32
		宁夏	-0.28	-0.21	-2.63	-0.25	-1.77	-23.40	-34.78	-33.29
		新疆	-0.32	-0.20	-2.77	-0.38	-1.79	-26.51	-31.18	-31.23

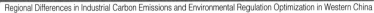

续表

年份	税率	省份	增长效应					碳减排效应		
			GDP	消费	投资	净出口	就业	碳排放总量	碳排放强度	人均碳排放量
2030	10 元/吨	内蒙古	−0.38	−0.22	−1.13	−0.43	−1.90	−7.61	−25.05	−19.13
		广西	−0.15	−0.19	−1.02	−0.24	−1.90	−4.82	−14.14	−15.13
		重庆	−0.09	−0.15	−0.54	−0.27	−1.94	−2.77	−9.48	−9.56
		四川	−0.11	−0.14	−0.58	−0.24	−1.94	−2.51	−9.83	−9.65
		贵州	−0.13	−0.30	−0.89	−0.29	−1.92	−2.64	−11.63	−10.35
		云南	−0.15	−0.23	−0.52	−0.29	−1.95	−2.78	−13.64	−11.55
		陕西	−0.25	−0.24	−0.89	−0.35	−1.93	−4.23	−20.85	−17.76
		甘肃	−0.19	−0.19	−0.93	−0.33	−1.93	−4.35	−18.67	−14.12
		青海	−0.23	−0.20	−0.82	−0.26	−1.92	−3.83	−16.56	−13.43
		宁夏	−0.17	−0.19	−1.01	−0.23	−1.91	−3.36	−18.86	−15.65
		新疆	−0.20	−0.15	−1.03	−0.33	−1.91	−3.79	−14.34	−14.83
	40 元/吨	内蒙古	−0.45	−0.25	−1.86	−0.35	−1.89	−32.92	−39.76	−29.37
		广西	−0.32	−0.21	−1.64	−0.23	−1.78	−22.99	−28.37	−24.19
		重庆	−0.14	−0.21	−1.03	−0.29	−1.92	−18.78	−19.65	−29.78
		四川	−0.20	−0.19	−0.97	−0.27	−1.92	−14.54	−19.85	−29.33
		贵州	−0.25	−0.32	−1.29	−0.31	−1.90	−15.53	−21.54	−30.74
		云南	−0.26	−0.25	−0.84	−0.31	−1.91	−13.74	−23.56	−32.76
		陕西	−0.35	−0.26	−1.76	−0.36	−1.90	−23.49	−32.44	−27.77
		甘肃	−0.28	−0.22	−1.65	−0.33	−1.90	−22.53	−29.93	−24.25
		青海	−0.32	−0.23	−1.79	−0.26	−1.90	−22.75	−26.51	−23.37
		宁夏	−0.24	−0.21	−1.61	−0.24	−1.89	−24.12	−28.72	−24.24
		新疆	−0.32	−0.19	−1.73	−0.32	−1.89	−22.48	−26.15	−23.94

续表

年份	税率	省份	增长效应					碳减排效应		
			GDP	消费	投资	净出口	就业	碳排放总量	碳排放强度	人均碳排放量
2030	60元/吨	内蒙古	-0.53	-0.26	-2.89	-0.36	-1.74	-35.69	-45.76	-39.33
		广西	-0.39	-0.22	-2.12	-0.25	-1.77	-24.70	-34.34	-30.55
		重庆	-0.26	-0.23	-1.23	-0.32	-1.73	-23.66	-23.64	-24.76
		四川	-0.25	-0.22	-1.34	-0.31	-1.72	-23.54	-23.85	-23.13
		贵州	-0.27	-0.34	-1.67	-0.32	-1.75	-24.45	-33.66	-29.45
		云南	-0.29	-0.27	-1.25	-0.33	-1.74	-23.65	-26.67	-27.64
		陕西	-0.41	-0.28	-2.04	-0.38	-1.75	-27.32	-39.78	-36.37
		甘肃	-0.31	-0.24	-2.21	-0.35	-1.74	-24.17	-36.93	-34.56
		青海	-0.36	-0.25	-2.03	-0.28	-1.75	-28.67	-35.55	-33.35
		宁夏	-0.20	-0.23	-2.29	-0.27	-1.76	-26.54	-37.74	-34.27
		新疆	-0.42	-0.21	-2.48	-0.39	-1.78	-29.53	-35.12	-32.43

注：笔者对2015年数据也进行了测算，因篇幅有限，没有在表中列出。

从表6-22可以看出如下特点：第一，从西部地区各省份产出情况来看，内蒙古征收碳税对宏观经济造成的负面影响最大，以10元/吨的税率为例，2020年碳税引起内蒙古GDP相比较于2015年基准情景下降0.32%；2030年，60元/吨的碳税税率引起内蒙古GDP相比较于2015年基准情景下降0.53%。相比较而言，征收碳税对重庆和四川宏观经济造成的负面影响相对较小，以10元/吨的税率为例，2020年重庆GDP降低了0.08%，四川GDP的变动率为-0.09%；到2030年，60元/吨的碳税税率引起重庆GDP相比较于2015年基准情景下降0.26%，引起四川GDP相比较于2015年基准情景下降0.25%。第二，征收碳税对地区的消费水平也产生了一定的影响，从消费来看，征收碳税对贵州的影响最大，对新疆的影响最小。2020年，10元/吨碳税税率下，贵州和新疆消费水平比2015年分别下降了0.28%和0.13%；到2030年，60元/吨碳税税率下，贵州和新疆消费水平比2015年分别下降了0.34%和0.21%。第三，从碳税对投资的影响来看，碳税对内蒙古投资的影响最大，其次为新疆；对云南、重庆和四川的影响相对较小。以2020年为例，在10元/吨碳税下，内蒙古和新疆的投资水平相对于2015年分别下降1.29%和1.17%，而云南、重庆和四川在此税率下投资水平的降幅分别为0.65%、0.82%和0.78%；到2030年，在60元/吨碳税税率下，内蒙古和新疆的投资水平相对于2015年分别下降2.89%和2.48%，而云南、重庆和四川在此税率下投资水平的降幅分别为1.25%、1.23%和1.34%。第四，从碳税对就业的影响来看，碳税对各省份就业的影响差别不是很大。10元/吨的碳税税率下，2020年西部地区各省份相对于2015年而言，就业率下降幅度在1.91%~1.97%之间，其中对就业影响最大的省份为云南；到2030年，在60元吨的碳税税率下，西部地区各省份相对于2015年而言，就业下降幅度在1.72%~1.78%之间，此时，碳税对广西和新疆就业的冲击最大，分别是-1.77%和-1.78%。第五，从碳税对净出口的影响来看，在40元/吨和60元/吨碳税税率下，碳税对陕西净出口的冲击力最大，对宁夏净出口的冲击力最小。2020年，10元/吨的碳税导致陕西净出口相比较于2015年下降0.34%，而宁夏出口降幅为0.22%；2030年，60元/吨的碳税导致陕西净出口相比较于2015年下降0.38%，而宁夏进出口降幅为0.27%。

碳税对西部地区各省份减排的影响呈现如下特点：第一，从碳税的减排效率来看，内蒙古的减排效果最好，40元/吨的碳税税率情景下，2020年内蒙古碳排放总量、碳排放强度和人均排放量分别比2015年基准情景下降低23.66%、32.75%和27.01%，60元/吨的碳税税率情景下，2030年内蒙古碳排放总量、碳排放强度和人均排放量分别比2015年基准情景下降低35.69%、45.76%和39.33%。碳减排效果排在第二梯队的为新疆和陕西，40元/吨的碳税税率情景下，2020年陕西碳排放总量、碳排放强度和人均排放量分别比2015年基准情景下降低16.99%、27.89%和25.74%，新疆上述三个指标分别比2015年基准情景下降低15.58%、22.18%和21.84%；60元/吨的碳税税率情景下，2030年陕西碳排放总量、碳排放强度和人均排放量分别比2015年基准情景下降低27.32%、39.78%和36.37%，新疆碳排放总量、碳排放强度和人均排放量分别比2015年基准情景下降低

29.53%、35.12% 和 32.43%。碳税碳减排效果最差的依次为重庆、四川和云南。40 元/吨的碳税税率情景下，2020 年重庆碳排放总量、碳排放强度和人均排放量分别比 2015 年基准情景下降低 11.68%、17.67% 和 27.72%，四川上述三个指标分别比 2015 年基准情景下降低 11.50%、17.86% 和 27.13%；云南上述三个指标分别比 2015 年基准情景下降低 12.40%、20.67% 和 29.55%；60 元/吨的碳税税率情景下，2030 年重庆碳排放总量、碳排放强度和人均排放量分别比 2015 年基准情景下降低 23.66%、23.64% 和 24.76%，四川上述三个指标分别比 2015 年基准情景下降低 23.54%、23.85% 和 23.13%；云南上述三个指标分别比 2015 年基准情景下降低 23.65%、26.67% 和 27.64%。

（3）碳税对西部地区三大区域经济增长与碳减排效应模拟。

表 6－23 显示了不同碳税税率情景下西部地区三大区域经济增长与碳排放模拟变化情况。

表 6－23　　　不同碳税情景下西部地区三大区域经济增长与碳排放变动情况

单位：%

年份	税率	区域	经济增长效应					碳减排效应		
			GDP	消费	投资	净出口	就业	碳排放总量	碳排放强度	人均碳排放量
2020	10 元/吨	高值低效区	−0.27	−0.18	−0.10	−0.33	−1.76	−2.79	−18.75	−15.02
		中值中效区	−0.21	−0.19	−0.08	−0.27	−1.84	−1.78	−15.56	−12.45
		低值高效区	−0.08	−0.14	−0.05	−0.25	−1.98	−1.49	−7.66	−6.79
	40 元/吨	高值低效区	−0.38	−0.21	−2.99	−0.29	−1.89	−18.02	−26.75	−22.01
		中值中效区	−0.31	−0.21	−2.34	−0.24	−1.91	−14.98	−24.51	−19.87
		低值高效区	−0.18	−0.11	−2.08	−0.25	−1.93	−10.62	−12.45	−16.53
	60 元/吨	高值低效区	−0.38	−0.22	−2.21	−0.31	−1.84	−20.49	−30.76	−23.33
		中值中效区	−0.36	−0.29	−1.57	−0.29	−1.75	−16.32	−27.87	−20.54
		低值高效区	−0.26	−0.22	−1.38	−0.30	−1.79	−13.84	−21.46	−18.23

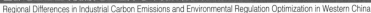

续表

年份	税率	区域	经济增长效应					碳减排效应		
			GDP	消费	投资	净出口	就业	碳排放总量	碳排放强度	人均碳排放量
2025	10 元/吨	高值低效区	-0.28	-0.19	-0.07	-0.34	-1.75	-6.51	-23.38	-18.32
		中值中效区	-0.23	-0.21	-0.15	-0.28	-1.90	-4.17	-20.56	-14.65
		低值高效区	-0.09	-0.16	-0.13	-0.26	-1.98	-2.56	-13.45	-11.53
	40 元/吨	高值低效区	-0.40	-0.21	-3.99	-0.29	-1.89	-26.51	-30.38	-24.87
		中值中效区	-0.34	-0.21	-2.64	-0.24	-1.91	-21.09	-26.56	-21.02
		低值高效区	-0.21	-0.11	-2.08	-0.25	-1.93	-15.56	-22.45	-17.53
	60 元/吨	高值低效区	-0.43	-0.22	-0.67	-0.31	-1.84	-27.51	-37.76	-36.33
		中值中效区	-0.39	-0.29	-0.37	-0.29	-1.75	-24.48	-34.55	-33.35
		低值高效区	-0.29	-0.22	-0.28	-0.30	-1.79	-17.79	-27.46	-26.23
2030	10 元/吨	高值低效区	-0.30	-0.19	-0.07	-0.34	-1.75	-8.23	-23.78	-24.01
		中值中效区	-0.25	-0.21	-0.15	-0.28	-1.90	-5.17	-19.56	-21.32
		低值高效区	-0.14	-0.16	-0.13	-0.26	-1.98	-2.68	-18.34	-17.69
	40 元/吨	高值低效区	-0.43	-0.21	-2.99	-0.29	-1.89	-27.46	-35.43	-31.12
		中值中效区	-0.36	-0.21	-2.14	-0.24	-1.91	-24.59	-33.35	-29.46
		低值高效区	-0.25	-0.11	-3.08	-0.25	-1.93	-17.82	-22.49	-26.53
	60 元/吨	高值低效区	-0.41	-0.25	-3.20	-0.36	-1.78	-33.68	-45.11	-44.38
		中值中效区	-0.36	-0.23	-2.26	-0.28	-1.75	-29.98	-44.46	-42.78
		低值高效区	-0.27	-0.20	-3.29	-0.31	-1.72	-23.94	-34.93	-46.65

  从表 6-23 可以看出，对于高值低效区而言，碳税的开征对其经济发展和碳排放的影响均是十分重大的，从经济指标来看，碳税的开征对该区域企业的生产成本影响较大，原因在于高值低效区的企业很大一部分属于高能耗与高排放企业，碳税增加的生产成本最终转移，使消费品价格上涨，从而导致该区域的 GDP 增长率、消费、投资、净出口和就业均有一定程度的下滑。以 10 元/吨碳税为例，2020 年，高值低效区的 GDP 增长率、消费、投资、净出口和就业相对于 2015 年基准情景分别下降了 0.27%、0.18%、0.10%、0.33% 和 1.76%；到 2030 年，10 元/吨碳税导致该地区 GDP 增长率、消费、投资、净出口和就业相对于 2015 年基准情景分别下降了 0.30%、

0.19%、0.07%、0.34%和1.75%。从高值低效区的减排效果来看，无论是碳排放总量，还是碳排放强度和人均碳排放量，实施碳税能达到良好的减排效果。2020年，高值低效区在10元/吨、40元/吨和60元/吨的税率下，碳排放总量分别降低了2.79%、18.02%和20.49%，碳排放强度分别降低了18.75%、26.75%和30.76%，人均碳排放量分别降低了15.02%、22.01%和23.33%；到2030年，高值低效区在上述三档税率下，碳排放总量分别降低了8.23%、27.46%和33.68%；碳排放强度分别降低23.78%、35.43%和45.11%，人均碳排放量分别降低24.01%、31.12%和44.38%。如果以2015年的不变价格来计算，2020年，高值低效区在10元/吨、40元/吨和60元吨的税率下，碳排放总量分别减排3627万吨、22537万吨和26637万吨，碳排放强度分别减排0.55吨/万元、0.79吨/万元和0.91吨/万元；2030年在上述三档税率下，碳排放总量分别减排10699万吨、35698万吨和43784万吨，碳排放强度分别减排0.71吨/万元、1.05吨/万元和1.33吨/万元。

对于中值中效区而言，碳税的开征对其经济发展和碳排放也有较大的影响，从经济指标来看，碳税的开征导致该区域的GDP增长率、消费、投资、净出口和就业也有一定程度的下滑。以10元/吨碳税为例，2020年，中值中效区GDP增长率、消费、投资、净出口和就业相对于2015年基准情景分别下降了0.21%、0.19%、0.08%、0.27%和1.84%；到2030年，10元/吨碳税导致该地区GDP增长率、消费、投资、净出口和就业相对于2015年基准情景分别下降了0.25%、0.21%、0.15%、0.28%和1.90%。从中值中效区碳税的减排绩效来看，无论是碳排放总量还是碳排放强度和人均碳排放量，开征碳税对于该区域工业碳减排也起到了很好的激励效果。2020年，中值中效区在10元/吨、40元/吨和60元/吨的税率下，碳排放总量分别降低了1.78%、14.98%和16.32%，碳排放强度分别降低了15.56%、24.51%和27.87%，人均碳排放量分别降低了12.45%、19.87%和20.54%；到2030年，该区域在上述三档税率下，碳排放总量分别降低5.17%、24.59%和29.98%；碳排强度分别降低19.56%、33.35%和44.46%，人均碳排放量分别降低21.32%、29.46%和42.78%。如果以2015年的不变价格来计算，2020年中值中效区在10元/吨、40元/吨和60

元/吨的税率下，碳排放总量分别减排 1513 万吨、12733 万吨和 13872 万吨，碳排放强度分别减排 0.20 吨/万元、0.21 吨/万元和 0.26 吨/万元；2030年在上述三档税率下，碳排放总量分别减排 4395 万吨、20902 万吨和 25483 万吨，碳排放强度分别减排 0.25 吨/万元、0.43 吨/万元和 0.58 吨/万元。

对于低值高效区而言，碳税的开征对其经济发展和碳排放的影响相对较小。从经济指标来看，碳税的开征导致该区域的 GDP 增长率、消费、投资、净出口和就业有一定程度的下滑。以 10 元/吨碳税为例，2020 年，低值高效区的 GDP 增长率、消费、投资、净出口和就业相对于 2015 年基准情景分别下降了 0.08%、0.14%、0.05%、0.25% 和 1.98%；到 2030 年，10 元/吨碳税导致该地区 GDP 增长率、消费、投资、净出口和就业相对于 2015 年基准情景分别下降了 0.14%、0.16%、0.13%、0.26% 和 1.98%。相比较于高值低效区和中值中效区而言，开征碳税对低值高效区经济增长、消费和投资的影响相对较小，但对就业的影响较大。从低值高效区的减排绩效来看，开征碳税对碳排放总量、碳排放强度和人均碳排放量的减排都起到了很好的激励效果。2020 年，低值高效区在 10 元/吨、40 元/吨和 60 元/吨的税率下，碳排放总量分别降低了 1.49%、10.62% 和 13.84%，碳排放强度分别降低了 7.66%、12.45% 和 21.46%，人均碳排放量分别降低了 6.79%、16.53% 和 18.23%；到 2030 年，低值高效区在上述三档税率下，碳排放总量分别降低 2.68%、17.82% 和 23.94%；碳排放强度分别降低 18.34%、22.49% 和 34.93%，人均碳排放量分别降低 17.69%、26.53% 和 46.65%。如果以 2015 年的不变价格来计算，2020 年，低值高效区在 10 元/吨、40元/吨和 60 元/吨的税率下，碳排放总量分别减排 312.9 万吨、2230 万吨和 2906 万吨，碳排放强度分别减排 0.06 吨/万元、0.10 吨/万元和 0.17 吨/万元；2030 年在上述三档税率下，碳排放总量分别减排 562.8 万吨、3742 万吨和 5027 万吨，碳排放强度分别减排 0.14 吨/万元、0.18 吨/万元和 0.27吨/万元。

从以上模拟结果可以看出：第一，从碳税政策的实施效果来看，60 元/吨税率的减排效果比 40 元/吨税率的减排效果好，而 40 元/吨税率的减排效果比 10 元/吨税率的减排效果好。2020 年，对比于 10 元/吨税率情景设置，高值低效区在 40 元/吨和 60 元/吨碳税情景下的碳排放强度分别降低了 8%

和 12.01%；中值中效区在 40 元/吨和 60 元/吨情景下的碳排放强度分别降低了 8.95% 和 12.31%；到 2030 年，高值低效区在 40 元/吨和 60 元/吨的情景下碳排放强度比 10 元/吨情景下降低了 11.65% 和 21.33%，中值中效区 40 元/吨和 60 元/吨情景下碳排放强度比 10 元/吨情景下分别降低了 13.79% 和 24.9%。由此可见，碳税的税率越高，对于高值低效区碳减排的激励作用越大。主要原因在于高额的碳税增加了高污染企业的生产成本，在激烈的市场竞争环境下，碳税会激励高污染企业通过研发创新来提高技术水平以降低污染，进而降低成本和提高市场竞争力。相比较而言，高值低效区受碳税政策的影响更大，中值中效区次之，低值高效区所受影响最小。2020年，10 元/吨碳税情景下，高值低效区、中值中效区和低值高效区碳排放总量的减排量分别占西部地区减排量的 59%、28% 和 13%；在 60 元/吨的税率情景下，到 2030 年，高值低效区、中值中效区和低值高效区碳排放总量的减排量分别占西部地区减排量的 56%、29% 和 15%。这说明在碳税的政策下，由于高能耗、高污染和高排放企业主要集中于高值低效区，高值低效区高污染行业承担了主要的减排责任，随着政策的实施，高污染行业的减排量占西部地区比例逐渐降低。

6.3　本章小结

环境规制是政府环境管理中最为重要的政策体系，不同环境规制强度和不同的环境规制工具对工业碳排放具有不同的影响。本章基于恰当的计量经济模型和度量指标，从地区异质性的角度出发，分析环境规制强度对西部地区不同区域碳减排绩效的不同作用机理和不同影响程度。研究发现：第一，环境规制能有效改善环境绩效，但不同碳排放区域，环境规制的作用效果有所不同；相比较而言，中值中效区和低值高效区的环境规制起到正向促进作用，但高值低效区环境规制的作用效果并不显著。第二，环境规制对西部地区工业碳排放的影响存在门槛效应，当环境规制强度低于或者等于门槛值 1.3475 时，环境规制对环境绩效产生显著的正向作用，此时强化环境规制可以显著地提高环境效率；当环境规制强度大于 1.3475 或是小于 0.1662

时，环境规制对西部地区工业环境效率产生负向作用，即强化环境规制反而降低了环境效率。第三，不同碳排放区域环境规制的门槛不一，在高值低效区，当环境规制强度介于 0.2019 ~ 1.5457 之间时，环境规制对工业环境绩效产生正向激励作用；对于中值中效区而言，当环境规制强度大于 0.1819 且小于 1.2856 时，环境规制对工业环境绩效产生正向激励作用；对于低值高效区而言，当环境规制强度介于 0.1569 ~ 1.4327 之间时，环境规制能有效地改善工业环境绩效。由此可见，相比较而言，高值低效区达到拐点时的环境规制度强度最大，中值中效区次之，低值高效区达到拐点时的环境规制度强度最小。

同时，本章还基于微观层面的社会核算矩阵（SAM）表，构建动态可计算的一般均衡（CGE）模型，分别设计将碳排放交易和碳税情景加入该模型，模拟碳排放权交易和碳税对西部地区 2015 ~ 2030 年经济增长和碳减排效应的影响。研究结果表明：第一，在 Bau 情景下，西部地区工业碳排放总量将由 2015 年的 24.51 亿吨上升至 2030 年的 97.82 亿吨，人均碳排放量由 2015 年的 6.857 吨/人上升至 2030 年的 25.53 吨/人，碳排放总量和人均碳排放量与实际 GDP 几乎同步增长。2020 年碳排放强度相比于 2015 年下降了 15.97%，到 2030 年，碳排放强度比 2015 年下降了 27.78%，无法完成国家要求"十三五"碳排放强度降低 19.5% 的目标，也无法实现中国碳排放强度 2020 年比 2005 年下降 40% ~ 45% 和 2030 年比 2005 年下降 60% ~ 65% 的减排承诺目标。在 CAP-ave 情景，2020 年西部地区碳排放强度为 5.41 吨/万元，碳排放强度比 2015 年下降了 28.47%，到 2030 年，西部地区的工业碳排放强度为 4.30 吨/万元，碳排放强度比 2015 年下降 40.28%，可以预测，碳排放权交易 CAP-ave 情景下，西部地区基本能完成中国承诺的碳减排目标。在 CAP-opt 情景下，2020 年西部地区碳排放总量将达到 26.01 亿吨，碳排放强度比 2015 年下降 30.56%；到 2030 年，西部地区工业碳排放总量为 37.79 亿吨，碳排放强度比 2015 年下降 45%；若以 2020 年碳排放强度下降 20.0% 和 2030 年碳排放强度下降 30.0% 为基准目标，则可推算在碳交易 CAP-opt 情景下，西部地区能够完成中国碳减排承诺目标。对比两种碳排放权交易情景下的减排效果，对于西部地区来说，各行业优化承担减排的 CAP-opt 情景比各行业平均承担的 CAP-ave 情景的减排效果更好。第二，相对于 Bau 情景而言，到 2020 年，高值低效区在 CAP-ave 和 CAP-opt 情景下，碳排放强度比 Bau 情景分别降低了 16.2% 和 19.49%，中值中效区在 CAP-ave 和 CAP-opt 情景下碳排放强度比 Bau 情景分别降低 4.92% 和 15.02%，低值高效区在 CAP-ave 和 CAP-opt 情景下碳排放强度比 Bau 情景分别降低 3.21% 和 7.31%；到 2030 年，相较于 Bau 情景，高值低效区在 CAP-ave 和 CAP-opt 情景下碳排放强度分别降低 24.31% 和 24.5%，中值中效区在这两种情景下碳排放强度分别降低 17.03% 和 19.13%，低值高效区在 CAP-ave 和 CAP-opt 情景下碳排放强度分别降低 9.25% 和 15.31%。第三，在 10 元/吨碳税情景下，西部地区工业碳排放总量到 2020 年上升为 31.76 亿吨，碳排放强度是 2015 年的 78.94%；到 2030 年，西部地区工业碳排放总量为 49.27 亿吨，碳排放强度是 2015 年的 61.25%。这与我国承诺的 2020 年碳排放强度比 2005 年下降 40%～45% 和 2030 年碳排放强度比 2005 年下降 60%～65% 的减排目标还有一段距离。在征收 40 元/吨的碳税之后，西部地区工业碳排放总量到 2020 年上升为 27.20 亿吨，碳排放强度是 2015 年的 69.48%；到 2030 年，西部地区工业碳排放总量为 40.20 亿吨，碳排放强度为 4.16 吨/万元，是 2015 年的 57.78%，无法完成我国在哥本哈根气候大会和巴黎气候大会上承诺的减排目标。在征收 60 元/吨的碳税之后，2020 年西部地区工业碳排放强度为 4.44 吨/万元，是 2015 年的 61.67%；到 2030 年，西部地区工业碳排放强度为 3.298 吨/万元，是 2015 年的 45.80%。这一减排效果与我国承诺的减排目标非常接近。第四，60 元/吨碳税税率的减排效果比 40 元/吨碳税税率的减排效果好，而 40 元/吨碳税税率的减排效果比 10 元/吨碳税税率的减排效果好。对比 10 元/吨碳税税率情景设置，到 2020 年，高值低效区在 40 元/吨和 60 元/吨碳税情景下的碳排放强度分别降低了 8% 和 12.01%；中值中效区在 40 元/吨和 60 元/吨情景下的碳排放强度分别降低了 8.95% 和 12.31%；到 2030 年，高值低效区在 40 元/吨和 60 元/吨的情景下碳排放强度比 10 元/吨情景下降低了 11.65% 和 21.33%，中值中效区在 40 元/吨和 60 元/吨情景下碳排放强度分别降低了 13.79% 和 24.9%，由此可见，碳税的税率越高，对于高值低效区碳减排的激励作用越大。

第 7 章

研究结论与政策建议

7.1 研究结论

西部地区横跨中国 12 个省份，其经济发展水平直接关系到整个国家的经济发展水平，其碳减排绩效也直接决定整个中国的碳减排绩效。受不同地区自然条件、历史发展、资源禀赋等因素的影响，西部地区在工业碳排放方面也表现出较大的差异。本书在恰当度量工业碳排放的基础上，详细刻画西部地区各区域在碳排放总量、碳排放强度和人均碳排放量等方面存在的差异以及各区域碳排放呈现的基本特征和变化规律，深度剖析西部地区工业碳排放与经济增长的关系，探寻了三大区域经济增长和碳排放之间的脱钩关系和环境库兹涅茨曲线；在此基础上，利用 LMDI 分解法对西部地区工业碳排放的影响因素进行分解，并寻找造成西部地区碳排放差异的主导因素和贡献率，然后基于恰当的计量经济模型和度量指标，从地区异质性的角度出发，分析环境规制强度和环境规制工具对西部不同地区碳减排绩效的不同作用机理和不同影响程度，以期为政府建立适合西部地区发展的"有差别的""分而治之"的梯次式环境规制体系，因地制宜地选择程度恰当和形式恰当的环境规制工具提供决策参考。研究发现：

第一，西部地区工业碳排放地区差异性较大，但存在"俱乐部收敛"的特征。

（1）2000～2015 年西部地区碳排放总量及人均碳排放处于上升态势，

而碳排放强度则处于下降态势。从碳排放总量来看，西部地区工业碳排放可以明显划分为两个阶段：2000～2007 年为工业碳排放总量缓慢增长阶段；2008～2015 年为工业碳排放总量持续快速增长阶段。碳排放强度和人均碳排放量则呈现"波动起伏→平稳下降"的循环变化轨迹，2001～2004 年和 2008～2010 年为两个波动阶段，西部地区工业碳排放强度减速均经历了较大变动，"V"型特征较为明显。

（2）从地区差异来看，工业碳排放总量最多的是内蒙古，位居排放第二位的为新疆，第三位是陕西。工业碳排放总量增速较缓的省份主要有重庆、四川、贵州、云南、甘肃等，其中重庆和甘肃碳排放总量和年均增速较小，减排压力较小。从碳排放强度来看，2015 年，碳排放强度较高的省份主要包括宁夏、新疆、内蒙古等，碳排放强度较低的省份包括广西、云南、重庆、四川等。从年均增速中可以看出，我国西部地区重庆、四川、云南、甘肃、青海等下降速度较快。从人均碳排放量来看，2015 年人均碳排放量较高的省份依次为宁夏、内蒙古、新疆、陕西，人均碳排放量较低的省份主要包括重庆、广西、四川、云南。

（3）1998～2015 年西部地区各省份工业碳排放虽然呈现较大的地区差异性，但存在较强的空间相关性和空间收敛性，西部地区碳排放呈现"俱乐部收敛"的特征。根据 K－Means Cluster 聚类分析法，按西部地区碳排放效率的空间分布格局与空间相关性，将重庆、云南划分为低值高效区，将广西、四川、贵州、甘肃、宁夏、青海划分为中值中效区，将内蒙古、新疆、陕西划为分高值低效区。相比较而言，高值低效区碳排放总量、碳排放强度、人均碳排放量均超过中值中效区，而中值中效区的碳排放总量、人均碳排放量均超过低值高效区。

第二，西部地区工业碳排放表现出一定的脱钩效应，且强脱钩效应不断增强，但地区差异性较大。

（1）1998～2015 年西部地区工业行业存在一定的脱钩效应，且强脱钩效应的行业有不断增加的趋势，不同地区工业行业脱钩指数存在较大差异性，并呈现缓慢下降态势。在"十一五"之前，除重庆处于弱脱钩状态外，内蒙古、四川、云南、宁夏和陕西处于增长负脱钩状态，广西、贵州、甘肃、青海和新疆处于增长连结状态，说明西部大部分地区的能源消费结构依然以煤炭等高排放能源品种为主，过度依赖能源资源投入支撑经济增长的粗放型发展模式没有明显改变；在"十一五"期间，除新疆、广西、宁夏、青海的碳排放与经济发展之间的脱钩关系处于增长连结状态外，其余省份处于弱脱钩状态。"十二五"期间，西部地区所有省份碳排放与经济发展之间的脱钩弹性指标均小于0.8，其脱钩关系处于弱脱钩状态。

（2）从横向对比来看，西部地区三大碳排放区域脱钩指数分布呈现明显的区域性特征，低值高效区最低，高值低效区最高，中值中效区的脱钩指数介于二者之间，这反映出西部地区不同区域在经济发展方式与经济增长质量方面的巨大差异。对于低值高效区而言，除了1998～2002年处于增长负脱钩→增长连结状态外，其余各年均表现为弱脱钩状态；对于高值低效区而言，虽也呈现出增长负脱钩→增长连结→弱脱钩的发展特征，但其增长负脱钩和增长连结的年份明显多些，表明该地区工业行业二氧化碳排放量的增长较多年份快于经济的增长。

第三，西部地区经济增长与二氧化碳排放之间呈现倒"U"型关系。

（1）从西部地区整体来看，经济增长与二氧化碳排放之间呈现倒"U"型关系。当人均GDP低于拐点水平时，经济增长水平的提高会促进二氧化碳排放，而越过拐点水平以后，经济增长水平的提高会抑制二氧化碳排放。

（2）就西部地区三大碳排放区域而言，低值高效区的经济增长与二氧化碳排放之间呈现倒"U"型关系，高值低效区经济增长与二氧化碳排放之间呈现正"U"型关系，而中值中效区并未通过显著性检验，其环境库兹涅茨曲线有待进一步验证，即就云南和重庆而言，当人均GDP低于拐点水平时，经济增长水平的提高会促进二氧化碳排放，而越过拐点水平以后，经济增长水平的提高会抑制二氧化碳排放。但是，就高值低效区的内蒙古、新疆和陕西而言，在达到拐点之前，经济的增长是以破坏环境为代价的；就中值中效区的广西、四川、贵州、甘肃、宁夏、青海而言，可能并不存在环境库兹涅茨曲线。

第四，经济发展是西部地区工业碳排放最主要的驱动因素，但各区域工业碳排放主导因素存在差异。

（1）能源利用效率和能源结构调整是抑制西部地区工业碳排放增长的主要因素。此外，产业结构变动对碳排放强度的作用有正有负，虽对于不同省份的影响有所差别，但总体上促进了碳排放强度的增加。

（2）从西部地区各省份的情况来看，不同省份工业碳排放强度的影响因素分解呈现明显差异。就经济增长效应来看，西部地区各省份经济增长情况对整体碳排放强度变化的影响效果均为正，但内蒙古经济增长对碳排放强度的影响最大，新疆经济增长对碳排放强度的影响最小。从产业结构效应来看，内蒙古、陕西和宁夏的产业结构效应为正；在产业结构效应为负的省份中，促进整体碳排放强度下降最多的是四川，最小的是青海；此外，只有云南和四川两个省的产业结构效应贡献率大于碳排放强度效应的贡献率。从能源强度效应上来看，只有青海和宁夏为正，其余省份的碳排放强度变化效应均为负，说明青海和宁夏的碳排放效率、节能减排技术等方面没有提升；其他省份包括内蒙古、陕西、重庆、四川、贵州、云南、甘肃、广西和新疆能源强度为负，说明这些地方节能减排技术提高了能源利用效率，减少了碳排放量。相对而言，能源强度下降最多的是内蒙古，下降幅度最小的是广西。西部地区各省份能源结构效应累积贡献全部为负。陕西能源结构效应最高，其次为甘肃；能源结构减排效应最小的是云南和贵州，原因在于这两个省份对于煤炭和石油等化石能源的依赖度相对较小。

（3）从分区域的角度来看，人均 GDP 对三大区域碳排放均有较强的正向驱动效应，且高值低效区人均 GDP 对碳排放的正向影响效应最大，低值高效区的人均 GDP 对碳排放的正向影响效应最小，中值中效区人均 GDP 的影响效应介于二者之间。产业结构对三大区域的效应均为负，且产业结构优化对高能耗行业的作用比低能耗行业大。1998～2015 年三大区域能源强度效应基本为负，能源强度整体上表现为对碳排放的抑制作用，中值中效区能源强度效应对碳排放的抑制作用较大，低值低效区能源强度效应较弱。1998～2015 年三大区域能源结构效应有较大波动，低值高效区能源结构效应始终为负，高值低效区能源结构效应基本为正，低值高效区能源结构改善动力较小。

（4）从回归的结果来看，经济发展、产业结构、能源结构、能源强度、人口密集度、对外开放程度和城镇化水平都会引起西部地区工业碳排放量的变化。其中，经济发展、人口密集度、对外开放程度和城镇化水平这四种因素对西部地区工业碳排放起着促进作用；而产业结构、能源结构、能源强度则起着抑制工业碳排放的作用。在影响西部地区碳排放的七个因素中，经济发展水平对碳排放增加的促进作用最大，其次是对外开放的程度，人口密集度对工业碳排放增长的影响较小；在抑制工业碳排放的因素中，能源结构调整对碳排放减少的作用最大，能源效率的提高、产业结构的调整对碳排放的抑制作用最小。

（5）从分区域的回归结果来看，经济发展、产业结构、能源结构、能源强度、人口密集度、对外开放程度和城镇化水平都会引起西部地区三大区域的工业碳排放量的变化，但影响幅度并不相同。经济增长对高值低效区的正向促进作用最大，对低值高效区的影响最小。产业结构调整对中值中效区和低值高效区碳排放具有负向减排效应，但对高值低效区却产生了正向的促进作用。能源结构和能源强度对三大区域的碳排放都起到了负向减缓作用，相对而言，对高值低效区的作用更强一些。对中值中效区的作用次之，对低值高效区的作用最小。对外开放的程度、人口密集度和城镇化水平强化了工业碳排放水平，从作用程度来看，对高值低效区和中值中效区工业碳排放的影响更大，对低值高效区的影响相对较小。

第五，环境规制能有效改善环境绩效，但在西部地区不同区域，环境规制程度和环境规制工具的作用效果有所不同。

（1）环境规制能有效改善环境绩效，但不同碳排放区域，环境规制的作用效果有所不同。相比较而言，中值中效区和低值高效区的环境规制起正向促进作用，但高值低效区环境规制的作用效果并不显著。

（2）环境规制对西部地区工业碳排放的影响存在门槛效应，当环境规制强度低于或者等于门槛值 1.3475 时，环境规制对环境绩效产生显著的正向作用，此时强化环境规制可以显著地提高环境效率；当环境规制强度大于 1.3475 时，环境规制对西部地区工业环境效率产生负向作用，即强化环境规制反而降低了环境效率。

（3）不同碳排放区域环境规制的门槛不一，在高值低效区，当环境规制强度介于 0.2019 和 1.5457 之间时，环境规制对工业环境绩效产生正向激励作用；对于中值中效区而言，当环境规制强度大于 0.1819 且小于 1.2856 时，环境规制对工业环境绩效产生正向激励作用；对于低值高效区而言，当环境规制强度介于 0.1529 和 1.432 之间时，环境规制能有效地改善工业环境绩效。由此可见，相比较而言，高值低效区达到拐点时的环境规制度强度最大，中值中效区次之，低值高效区达到拐点时的环境规制度强度最小。

（4）在 Bau 情景下，西部地区工业碳排放总量和人均碳排放量与实际 GDP 几乎同步增长。2020 年碳排放强度相比于 2015 年下降 10.20%；到 2030 年，碳排放强度比 2015 年下降 16.06%。根本无法完成国家要求"十三五"碳排放强度降低 19.5% 的目标，也无法实现承诺的碳减排目标。在 CAP-ave 情景，2020 年和 2030 年，西部地区工业碳排放强度比 2015 年分别下降 28.47% 和 40.28%，可以预测，碳排放权交易 CAP-ave 情景下，西部地区基本能完成中国承诺的碳减排目标。在 CAP-opt 情景下，到 2020 年和 2030 年，西部地区工业碳排放强度比 2015 年分别下降 30.56% 和 45%，能够完成承诺的碳减排目标。对比两种碳排放权交易情景下的减排效果，对于西部地区来说，各行业优化承担减排的 CAP-opt 情景比各行业平均承担的 CAP-ave 情景的减排效果更好。

（5）相对于 Bau 情景而言，到 2020 年和 2030 年，高值低效区、中值中效区和低值高效区碳在 CAP-ave 和 CAP-opt 情景下，碳排放强度分别有不同程度的下降，相对而言，中值中效区的降幅最大，高值低效区次之，低值高效区最小，相对于 CAP-ave 来说，CAP-opt 情景下西部三大区域碳减排效果更好。

（6）在 10 元/吨的碳税情景下，到 2020 年和 2030 年，西部地区工业碳排放强度分别比 2015 年下降 14.78% 和 27.38%。这与我国承诺的减排目标还有一段距离。在征收 40 元/吨的碳税之后，2020 年和 2030 年西部地区工业碳排放强度分别比 2015 年下降 24.15% 和 31.18%，也无法完成承诺的减排目标。在征收 60 元/吨的碳税之后，2020 年和 2030 年西部地区工业碳排放强度比 2015 年分别下降 32.01% 和 44.50%。这一减排效果与我国承诺的减排目标非常接近。

（7）60 元/吨碳税税率的减排效果比 40 元/吨碳税税率的减排效果好，而 40 元/吨碳税税率的减排效果比 10 元/吨碳税税率的减排效果好。由此可见，碳税的税率越高，对于高值低效区碳减排的激励作用越大。

7.2 政策建议

中国幅员辽阔，地区之间的碳排放差异性显著，且不同地区工业碳排放与经济发展的关系不同，不同环境规制的碳减排效率也不同，所以，本书认为，政府的环境规制应遵循"有差别的""分而治之"的梯次式模式，环境治理也应"因地制宜""对症下药"。

第一，分类施治，对不同区域实施不同的减排目标和减排策略。对于高值低效区和中值中效区这类能耗水平较高的地区，减排政策应着力于提高这些区域的能源效率。具体可通过设立清洁能源研发基金或组织区域内能源使用技术提高研发小组，在增加政府财政投入力度的同时，鼓励民间资本参与，鼓励高能耗区域在生产过程中，改进生产工艺，改善能源使用结构，提高能源使用效率。同时，可因地制宜，开发风力发电、水力发电等清洁能源供应站，并适度建造核电站，从能源供应源头上清洁化。并且，对减排卓有成效的企业、能源结构或能源效率改善显著的企业，给予适度的奖励或财政、金融等方面的优惠。

对于低值高效区这类能源结构较清洁的区域，减排政策应着力区域内的产业结构升级。可结合"对外投资"政策，引导较发达的区域将污染较高的能源密集型部门或经济效益较低的对外出口生产部门向境外转移，提高对外投资比例的同时，也缓解了环境污染的压力。同时，加大对服务业等排放较低的行业发展力度，配合"农业供给侧改革"，走生态农业、有机农业、高端农业路线，实现工业增加值的同时也实现了部分减排目标。更重要的是，依托经济较发达地区的经济实力，带动经济较不发达的地区，传授清洁生产技术，以点带面形成帮带效应，促进区域间的平衡发展。

第二，责任分担，实施差异化环境规制，平衡区域和部门间的减排负担。中国有不同的经济发展大区域，也有若干工业部门，对于高值低效区（内蒙古、新疆和陕西）和碳排放较高的行业（如采选业、石化工业、非金属和金属制品业、电气水生产和供应业、交通运输业等），这些是主要的"生产"源头，承担了大比例的生产者责任；而低值高效区（重庆、云南）

和农业、制造业、建筑业、服务业等部门，为主要的"消费终端"，需承担较多的消费者责任。在制定碳减排政策时，从生产端约束碳排放必然会对部分区域和部门的发展产生较大冲击，拉大区域间的发展水平差距。

因此，在制定减排政策时，可按照不同区域的部门结构和经济承担水平，适度提高对低值高效区税收幅度，降低其碳排放以及将碳转出部门因最终消费而产生的隐含碳排放责任纳入应税碳范围内；与此同时，照顾高值低效区和中值中效区等能源使用大省，减轻对采选业、石化工业、电气水生产供应业等碳转入部门的碳税负担，并适度减轻对出口生产部分的碳排放责任。在区域、部门和责任间形成合理的减排任务分配，平衡在不同区域、部门和责任间的减排负担，以实现区域发展和减排责任、经济增长和出口贸易等目标的平衡发展。

第三，循序渐进，根据碳排放时空演变格局及时调整减排政策。各省份的碳排放情形是不断变化的，不能一成不变地执行同一政策，要注重各个省份的动态变化，保持减排政策的综合平衡，发挥政策的区域最优效益，防止出现"头痛医头，脚痛医脚"，最后顾此失彼的被动结局。据此，可以考虑制定动态的区域减排共治政策，例如在中值中效区进行联防联控，也可以在高值低效区实施协同治理。

第四，协同共治，推进减排顶层设计、底层支撑和集成决策。

（1）在顶层设计层面，应研究制定并贯彻落实好重大政策文件。一是进一步贯彻落实《"十三五"控制温室气体排放工作方案》《国家应对气候变化规划（2013–2020年）》《国家适应气候变化战略》等文件的要求；二是完成应对气候变化的法律文件起草；三是编制完成中国低碳发展宏观战略，系统提出我国2030年及2050年低碳发展路线图；四是研究制定我国二氧化碳排放峰值目标的建议方案。

（2）在底层支撑层面，应重视国家层面的标准化建设工作。其一，2014年7月，全国碳排放管理标准化技术委员会成立，主要负责碳排放管理术语、统计、监测、区域碳排放清单编制方法等。作为专门的标准化机构，委员会应跟进气候谈判进程，将工作与国际接轨，进一步落实我国的标准化管理规范。其二，国家发展和改革委员会一直在推进低碳试点示范地区温室气体排放清单编制及统计核算体系建设工作，各试点省份均提前完成

2005 年温室气体排放清单编制工作。应以低碳试点示范地区为先导，继续推进其他地区（包括地级城市）积极参与到编制本地温室气体排放清单中来，各地政府应安排专项资金，加强统计核算体系建设和能力培训。其三，国家发展和改革委员会已经会同有关部门对我国 31 个省份节能和控制能源消费总量目标完成情况及措施落实情况进行考核，考核结果已及时公布，其奖惩措施应进一步明确。综上，需通过各类标准化技术和管理手段的综合运用，为减排科学决策提供可信的支撑。

（3）在集成决策层面，应注重主客体双向式互动作用。减排客体方面，数据是决策的基础，应将统计、调查数据、监测数据及遥感数据综合集成"四位一体"的数据获取源，特别是要提升遥感这一弱项。减排数据和地理信息产业密不可分，2014 年 1 月 22 日，国务院办公厅《关于促进地理产业发展的意见》提出推进地理信息产业这一性新兴产业，发展测绘应用卫星、高空航拍摄、低空无人机、地面遥感等遥感系统，提升导航电图、互联网地图等基于位置的服务能力，促进地息深层次应用。总之，应在国家政策的引导下，以上述工作为基础，形成标准化减排数据库，减排政策制定须以数据库中的大数据为基础，着力提升采集、分析处理能力；以信息化平台为支撑，形成交互信息、实时获取、系统共享的智慧化云决策格局。减排主体方面，减排政策的制定需要利益方共同参与，包括政府部门、各类智库、社会、企业、媒体和公众等，这里特别强调智库。智库是指以公共政策为研究对象，以影响政府决策为研究目标，以公共利益为研究导向，以社会责任为研究准则的专业研究机构。从组织形式和机构属性上看，智库既可以是具有政府背景的公共研究机构（官方智库），也可以是不具有政府背景或具有准政府背景的私营研究机构（民间智库）；既可以是营利性研究机构，也可以是非营利性机构。在发达国家（如美国），兰德智库、布鲁金斯学会已成为政府决策的重要参考。党的十八届三中全会通过的《中共中央关于全面深化改革若干重大问题的决定》明确提出，加强中国特色新型智库建设，建立健全决策咨询制度，表明中国特色新型智库是现代国家治理体系的重要组成部分，在推进国家治理体系和治理能力现代化进程中扮演越来越重要的角色。在减排政策制定过程中，应鼓励各类智库与其他减排主体协同互动，广泛参与，为推进碳减排贡献更多的智慧和力量。

7.3　研究不足与未来研究展望

本书虽然刻画了西部地区工业碳排放的基本特征和变化规律，剖析了西部地区工业碳排放与经济增长的关系，探寻了西部地区碳排放区域差异的主导因素，并分析了环境规制强度和环境规制工具对西部地区碳减排绩效的影响，且有针对性地提出了西部地区优化环境规制的政策建议，但仍然存在诸多不足，这些不足之处也是未来深入研究的方向。

第一，对西部地区工业碳减排的协同治理机制并未涉及。在一个国家之内，各地区之间的经济联系十分紧密，部门之间和区域之间碳排放的联动性较高，存在碳排放溢出效应，也存在地区之间和部门之间碳减排效益的溢出效应。明确西部地区工业碳减排的协同治理机制，界定各地区或各部门之间的不同责任，对于整个国家和东中西部地区之间的协同发展，是一个很好的选择。因此，将西部地区乃至整个国家作为有机的整体来考虑，而不仅仅把某一省份或部门作为对立的关系来看，这对于西部地区乃至整个中国整体减排目标的实现具有重要意义。本书在研究的过程中，并未研究西部地区碳减排的协同治理，这一问题将是未来研究的方向。

第二，对环境规制政策的长期影响机制研究不足。本书只研究了环境规制强度和环境规制工具经济发展和碳减排的短期影响，然而环境治理是惠及后辈的长远大计，环境规制作为国家重要的环境治理政策，必然会对经济发展、国际贸易、产业转移、消费和投资等经济发展产生潜在的长远影响，也会对工业企业碳减排决策和碳减排行为产生重要影响。而且，对于碳排放权交易和碳税政策而言，从长期来看，有激励企业提高能源效率、增加清洁能源的使用比例等积极作用，因此企业在生产过程中的能耗投入结构也会随之改变。本书虽然关注了环境规制工具的短期影响，但缺乏对碳排放权交易和碳税长期减排效应的整体分析，如何面对这些长期决策中的不确定性因素影响来设计碳税和碳排放权交易机制，这些内容是未来需要深入研究的方向之一。

第三，本书并未涉及环境规制工具的组合效应。本书在模拟碳排放权交易和碳税的减排效应时，将二者割裂开来，分别研究了不同碳排放权交易情景下和不同碳税情景下西部地区工业碳减排的效率，但是，对于碳排放权交易、碳税和减排补贴等环境规制工具的组合效应，并未作深入研讨。事实上，基于市场型环境规制工具组合的政策效果，无论是基于政府环境政策的环保目标，还是基于企业决策的经济目标，均是最优选择。然而，随着企业资源禀赋和要素投入的调整变化，环境规制工具组合与环境绩效之间的关系也会发生动态调整，且环境规制组合工具对环境绩效的影响也会因东中西部地区经济发展条件呈现差别性的表现。因此，构建企业与政府的演化博弈模型，探究环境规制工具组合对不同行业企业、不同规模企业和处于不同生命周期的企业环境绩效的动态影响机制，利用数值仿真分析不同环境规制工具组合对企业行为的动态影响有待进一步深化研究。

参 考 文 献

［1］安崇义，唐跃军．排放权交易机制下企业碳减排的决策模型研究［J］．经济研究，2012，47（08）：45 –58．

［2］毕茜，李萧言，于连超．环境税对企业竞争力的影响——基于面板分位数的研究［J］．财经论丛，2018（07）：37 –47．

［3］蔡栋梁，闫懿，程树磊．碳排放补贴、碳税对环境质量的影响研究［J］．中国人口·资源与环境，2019，29（11）：59 –70．

［4］曹翔，傅京燕．不同碳减排政策对内外资企业竞争力的影响比较［J］．中国人口·资源与环境，2017，27（06）：10 –15．

［5］曾刚，万志宏．国际碳交易市场：机制、现状与前景［J］．中国金融，2009（24）：48 –50．

［6］查建平，唐方方，傅浩．中国能源消费、碳排放与工业经济增长——一个脱钩理论视角的实证分析［J］．当代经济科学，2011，33（06）：81 –89．

［7］柴泽阳，孙建．中国区域环境规制"绿色悖论"研究——基于空间面板杜宾模型［J］．重庆工商大学学报（社会科学版），2016，33（06）：33 –41．

［8］陈超凡，韩晶，毛渊龙．环境规制、行业异质性与中国工业绿色增长——基于全要素生产率视角的非线性检验［J］．山西财经大学学报，2018，40（03）：65 –80．

［9］陈诗一．能源消耗、二氧化碳排放与中国工业的可持续发展［J］．经济研究，2009，44（04）：41 –55．

［10］陈占明，吴施美，马文博，等．中国地级以上城市二氧化碳排放的影响因素分析：基于扩展的 STIRPAT 模型［J］．中国人口·资源与环境，

2018, 28 (10): 45 – 54.

[11] 陈钊, 陈乔伊. 中国企业能源利用效率: 异质性、影响因素及政策含义 [J]. 中国工业经济, 2019 (12): 78 – 95.

[12] 程云鹤, 齐晓安, 汪克亮, 等. 技术进步、节能减排与低碳经济发展——基于 1985~2009 年中国 28 个省际面板数据的实证考察 [J]. 山西财经大学学报, 2013 (01): 51 – 60.

[13] 崔琦, 杨军, 董琬璐. 中国碳排放量估计结果及差异影响因素分析 [J]. 中国人口·资源与环境, 2016, 26 (02): 35 – 41.

[14] 戴小文, 漆雁斌, 唐宏. 1990 – 2010 年中国农业隐含碳排放及其驱动因素研究 [J]. 资源科学, 2015, 37 (08): 1668 – 1676.

[15] 戴彦德, 吴凡. 基于低碳转型的宏观经济情景模拟与减排策略 [J]. 北京理工大学学报 (社会科学版), 2017, 19 (02): 1 – 8.

[16] 邓吉祥, 刘晓, 王铮. 中国碳排放的区域差异及演变特征分析与因素分解 [J]. 自然资源学报, 2014, 29 (02): 189 – 200.

[17] 董锋, 杨庆亮, 龙如银, 等. 中国碳排放分解与动态模拟 [J]. 中国人口·资源与环境, 2015, 25 (04): 1 – 8.

[18] 董梅, 徐璋勇, 李存芳. 碳强度约束的模拟: 宏观效应、减排效应和结构效应 [J]. 管理评论, 2019, 31 (05): 53 – 65.

[19] 樊星, 马树才, 朱连洲. 中国碳减排政策的模拟分析——基于中国能源 CGE 模型的研究 [J]. 生态经济, 2013 (09): 50 – 54.

[20] 范庆泉, 张同斌. 中国经济增长路径上的环境规制政策与污染治理机制研究 [J]. 世界经济, 2018, 41 (08): 171 – 192.

[21] 付云鹏, 马树才, 宋琪. 中国区域碳排放强度的空间计量分析 [J]. 统计研究, 2015, 32 (06): 67 – 73.

[22] 傅京燕. 环境成本转移与西部地区的可持续发展 [J]. 当代财经, 2006 (06): 102 – 106.

[23] 顾宁, 姜萍萍. 中国碳排放的环境库兹涅茨效应识别与低碳政策选择 [J]. 经济管理, 2013, 35 (06): 153 – 163.

[24] 韩晶, 陈超凡, 施发启. 中国制造业环境效率、行业异质性与最优规制强度 [J]. 统计研究, 2014, 31 (03): 61 – 67.

［25］郝珍珍，李健．我国碳排放增长的驱动因素及贡献度分析［J］.
自然资源学报，2013，28（10）：1664－1673.

［26］何小钢，张耀辉．中国工业碳排放影响因素与CKC重组效应——
基于STIRPAT模型的分行业动态面板数据实证研究［J］.中国工业经济，
2012（01）：26－35.

［27］何玉梅，罗巧．环境规制、技术创新与工业全要素生产率——对
"强波特假说"的再检验［J］.软科学，2018，32（04）：20－25.

［28］胡安俊，孙久文．中国制造业转移的机制、次序与空间模式［J］.
经济学（季刊），2014，13（04）：1533－1556.

［29］胡颖，诸大建．中国建筑业CO_2排放与产值、能耗的脱钩分析
［J］.中国人口·资源与环境，2015，25（08）：50－57.

［30］胡玉凤，丁友强．碳排放权交易机制能否兼顾企业效益与绿色效
率？［J］.中国人口·资源与环境，2020，30（03）：56－64.

［31］胡宗义，刘亦文，唐李伟．低碳经济背景下碳排放的库兹涅茨曲
线研究［J］.统计研究，2013，30（02）：73－79.

［32］黄清煌，高明．中国环境规制工具的节能减排效果研究［J］.科
研管理，2016，37（06）：19－27.

［33］黄庆华，胡江峰，陈习定．环境规制与绿色全要素生产率：两难
还是双赢？［J］.中国人口·资源与环境，2018，28（11）：140－149.

［34］黄蕊，王铮，丁冠群，等．基于STIRPAT模型的江苏省能源消费
碳排放影响因素分析及趋势预测［J］.地理研究，2016，35（04）：781－
789.

［35］李斌，曹万林．环境规制对我国循环经济绩效的影响研究——基
于生态创新的视角［J］.中国软科学，2017（06）：140－154.

［36］李斌，彭星．环境规制工具的空间异质效应研究——基于政府职
能转变视角的空间计量分析［J］.产业经济研究，2013（06）：38－47.

［37］李钢，董敏杰，沈可挺．强化环境管制政策对中国经济的影
响——基于CGE模型的评估［J］.中国工业经济，2012（11）：5－17.

［38］李国志，李宗植．中国二氧化碳排放的区域差异和影响因素研究
［J］.中国人口·资源与环境，2010，20（05）：22－27.

［39］李华，马进．环境规制对碳排放影响的实证研究——基于扩展 STIRPAT 模型 ［J］．工业技术经济，2018，37（10）：143－149．

［40］李建豹，黄贤金，吴常艳，等．中国省域碳排放影响因素的空间异质性分析 ［J］．经济地理，2015，35（11）：21－28．

［41］李玲，陶锋．中国制造业最优环境规制强度的选择——基于绿色全要素生产率的视角 ［J］．中国工业经济，2012（05）：70－82．

［42］李强，田双双．环境规制能够促进企业环保投资吗？——兼论市场竞争的影响 ［J］．北京理工大学学报（社会科学版），2016，18（04）：1－8．

［43］李珊珊，马艳芹．环境规制对全要素碳排放效率分解因素的影响——基于门槛效应的视角 ［J］．山西财经大学学报，2019，41（02）：50－62．

［44］李胜兰，初善冰，申晨．地方政府竞争、环境规制与区域生态效率 ［J］．世界经济，2014，37（04）：88－110．

［45］李树，陈刚．环境管制与生产率增长——以 APPCL2000 的修订为例 ［J］．经济研究，2013，48（01）：17－31．

［46］李婉红，毕克新，曹霞．环境规制工具对制造企业绿色技术创新的影响——以造纸及纸制品企业为例 ［J］．系统工程，2013，31（10）：112－122．

［47］李永友，沈坤荣．我国污染控制政策的减排效果——基于省际工业污染数据的实证分析 ［J］．管理世界，2008（07）：7－17．

［48］李云雁．财政分权、环境管制与污染治理 ［J］．学术月刊，2012，44（06）：90－96．

［49］梁伟，朱孔来，姜巍．环境税的区域节能减排效果及经济影响分析 ［J］．财经研究，2014，40（01）：40－49．

［50］林伯强，毛东昕．中国碳排放强度下降的阶段性特征研究 ［J］．金融研究，2014（08）：101－117．

［51］林伯强，邹楚沅．发展阶段变迁与中国环境政策选择 ［J］．中国社会科学，2014（05）：81－95，205－206．

［52］刘博文，张贤，杨琳．基于 LMDI 的区域产业碳排放脱钩努力研

究［J］.中国人口·资源与环境，2018，28（04）：78－86.

［53］刘绘珍.碳税政策对我国工业企业技术创新行为的政策绩效研究［J］.工业技术经济，2017，36（09）：73－77.

［54］刘金林，冉茂盛.环境规制、行业异质性与区域产业集聚——基于省际动态面板数据模型的 GMM 方法［J］.财经论丛，2015（01）：16－23.

［55］刘强，陈怡，滕飞，等.中国深度脱碳路径及政策分析［J］.中国人口·资源与环境，2017，27（09）：162－170.

［56］刘亦文，胡宗义.中国碳排放效率区域差异性研究——基于三阶段 DEA 模型和超效率 DEA 模型的分析［J］.山西财经大学学报，2015，37（02）：23－34.

［57］刘玉珂，金声甜.中部六省能源消费碳排放时空演变特征及影响因素［J］.经济地理，2019，39（01）：182－191.

［58］龙小宁，万威.环境规制、企业利润率与合规成本规模异质性［J］.中国工业经济，2017（06）：155－174.

［59］陆旸.从开放宏观的视角看环境污染问题：一个综述［J］.经济研究，2012，47（02）：146－158.

［60］路正南，罗雨森.中国碳交易政策的减排有效性分析——双重差分法的应用与检验［J］.干旱区资源与环境，2020，34（04）：1－7.

［61］马彩虹，邹淑燕，赵晶，等.西北地区能源消费碳排放时空差异分析及地域类型划分［J］.经济地理，2016，36（12）：162－168.

［62］马富萍，茶娜.环境规制对技术创新绩效的影响研究——制度环境的调节作用［J］.研究与发展管理，2012，24（01）：60－66，77.

［63］马中东，马斌，陈莹.机会追求型环境战略对企业竞争力的影响［J］.经济纵横，2010（05）：95－97.

［64］孟凡生，韩冰.政府环境规制对企业低碳技术创新行为的影响机制研究［J］.预测，2017，36（01）：74－80.

［65］宓泽锋，曾刚.生态省建设对生态创新和经济发展的影响——基于波特假说的拓展［J］.经济问题探索，2018（02）：163－168.

［66］聂爱云，何小钢.企业绿色技术创新发凡：环境规制与政策组合

[J]．改革，2012（04）：102 - 108．

[67] 潘安．对外贸易、区域间贸易与碳排放转移——基于中国地区投入产出表的研究 [J]．财经研究，2017，43（11）：57 - 69．

[68] 潘文卿，刘婷，王丰国．中国区域产业 CO_2 排放影响因素研究：不同经济增长阶段的视角 [J]．统计研究，2017，34（03）：30 - 44．

[69] 彭星，李斌．不同类型环境规制下中国工业绿色转型问题研究 [J]．财经研究，2016，42（07）：134 - 144．

[70] 齐亚伟．节能减排、环境规制与中国工业绿色转型 [J]．江西社会科学，2018，38（03）：70 - 79．

[71] 曲玥，蔡昉，张晓波．"飞雁模式"发生了吗？——对 1998 - 2008 年中国制造业的分析 [J]．经济学（季刊），2013，12（03）：757 - 776．

[72] 任胜钢，蒋婷婷，李晓磊，等．中国环境规制类型对区域生态效率影响的差异化机制研究 [J]．经济管理，2016，38（01）：157 - 165．

[73] 任胜钢，郑晶晶，刘东华，等．排污权交易机制是否提高了企业全要素生产率——来自中国上市公司的证据 [J]．中国工业经济，2019（05）：5 - 23．

[74] 任小静，屈小娥，张蕾蕾．环境规制对环境污染空间演变的影响 [J]．北京理工大学学报（社会科学版），2018（01）：1 - 8．

[75] 任优生，任保全．环境规制促进了战略性新兴产业技术创新了吗？——基于上市公司数据的分位数回归 [J]．经济问题探索，2016（01）：101 - 110．

[76] 邵帅，杨莉莉，曹建华．工业能源消费碳排放影响因素研究——基于 STIRPAT 模型的上海分行业动态面板数据实证分析 [J]．财经研究，2010，36（11）：16 - 27．

[77] 邵帅，张曦，赵兴荣．中国制造业碳排放的经验分解与达峰路径——广义迪氏指数分解和动态情景分析 [J]．中国工业经济，2017（03）：44 - 63．

[78] 沈能．环境效率、行业异质性与最优规制强度——中国工业行业面板数据的非线性检验 [J]．中国工业经济，2012（03）：56 - 68．

[79] 宋琳, 吕杰. 基于 Theil 指数的中国环境规制强度区域差异测度 [J]. 山东社会科学, 2017 (07): 140-144.

[80] 孙耀华, 李忠民. 中国各省区经济发展与碳排放脱钩关系研究 [J]. 中国人口·资源与环境, 2011, 21 (05): 87-92.

[81] 孙叶飞, 周敏. 中国能源消费碳排放与经济增长脱钩关系及驱动因素研究 [J]. 经济与管理评论, 2017, 33 (06): 21-30.

[82] 田银华, 向国成, 彭文斌. 基于 CGE 模型的产业结构调整污染减排效应和政策研究论纲 [J]. 湖南科技大学学报 (社会科学版), 2013 (03): 109-112.

[83] 田云, 陈池波. 中国碳减排成效评估、后进地区识别与路径优化 [J]. 经济管理, 2019, 41 (06): 22-37.

[84] 涂正革, 谌仁俊. 排污权交易机制在中国能否实现波特效应? [J]. 经济研究, 2015, 50 (07): 160-173.

[85] 王锋正, 郭晓川. 政府治理、环境管制与绿色工艺创新 [J]. 财经研究, 2016, 42 (09): 30-40.

[86] 王国印, 王动. 波特假说、环境规制与企业技术创新——对中东部地区的比较分析 [J]. 中国软科学, 2011 (01): 100-112.

[87] 王佳, 杨俊. 地区二氧化碳排放与经济发展——基于脱钩理论和 CKC 的实证分析 [J]. 山西财经大学学报, 2013, 35 (01): 8-18.

[88] 王杰, 刘斌. 环境规制与企业全要素生产率——基于中国工业企业数据的经验分析 [J]. 中国工业经济, 2014 (03): 44-56.

[89] 王娟茹, 张渝. 环境规制、绿色技术创新意愿与绿色技术创新行为 [J]. 科学学研究, 2018, 36 (02): 352-360.

[90] 王君华, 李霞. 中国工业行业经济增长与 CO_2 排放的脱钩效应 [J]. 经济地理, 2015, 35 (05): 105-110.

[91] 王群伟, 周鹏, 周德群. 我国二氧化碳排放绩效的动态变化、区域差异及影响因素 [J]. 中国工业经济, 2010 (01): 45-54.

[92] 王为东, 王冬, 卢娜. 中国碳排放权交易促进低碳技术创新机制的研究 [J]. 中国人口·资源与环境, 2020, 30 (02): 41-48.

[93] 王小宁, 周晓唯. 西部地区环境规制与技术创新——基于环境规

制工具视角的分析 [J]. 技术经济与管理研究, 2014 (05): 114 - 118.

[94] 王馨康, 任胜钢, 李晓磊. 不同类型环境政策对我国区域碳排放的差异化影响研究 [J]. 大连理工大学学报 (社会科学版), 2018, 39 (02): 55 - 64.

[95] 王怡. 我国碳排放量情景预测研究——基于环境规制视角 [J]. 经济与管理, 2012, 26 (04): 27 - 30.

[96] 魏楚, 夏栋. 中国人均 CO_2 排放分解: 一个跨国比较 [J]. 管理评论, 2010, 22 (08): 114 - 121.

[97] 吴立军, 田启波. 中国碳排放的时间趋势和地区差异研究——基于工业化过程中碳排放演进规律的视角 [J]. 山西财经大学学报, 2016, 38 (01): 25 - 35.

[98] 吴士健, 孙向彦, 杨萍. 双重治理体制下政府碳排放监管博弈分析 [J]. 中国人口·资源与环境, 2017, 27 (12): 21 - 30.

[99] 武红. 中国省域碳减排: 时空格局、演变机理及政策建议——基于空间计量经济学的理论与方法 [J]. 管理世界, 2015 (11): 3 - 10.

[100] 夏勇, 钟茂初. 经济发展与环境污染脱钩理论及 EKC 假说的关系——兼论中国地级城市的脱钩划分 [J]. 中国人口·资源与环境, 2016, 26 (10): 8 - 16.

[101] 肖兴志, 李少林. 环境规制对产业升级路径的动态影响研究 [J]. 经济理论与经济管理, 2013 (06): 102 - 112.

[102] 肖雁飞, 廖双红. 中国区域间贸易隐含碳排放转移空间特征研究 [J]. 湖南科技大学学报 (自然科学版), 2017, 32 (01): 120 - 126.

[103] 许广月, 宋德勇. 中国碳排放环境库兹涅茨曲线的实证研究——基于省域面板数据 [J]. 中国工业经济, 2010 (05): 37 - 47.

[104] 许广月. 我国碳排放影响因素及其区域比较研究: 基于省域面板数据 [J]. 财经论丛, 2011 (02): 14 - 18.

[105] 许士春, 龙如银. 经济增长、城市化与二氧化碳排放 [J]. 广东财经大学学报, 2014, 29 (06): 23 - 31.

[106] 许晓燕, 赵定涛, 洪进. 绿色技术创新的影响因素分析——基于中国专利的实证研究 [J]. 中南大学学报 (社会科学版), 2013, 19

（02）：29 – 33.

[107] 杨嵘，常烟钰．西部地区碳排放与经济增长关系的脱钩及驱动因素 [J]．经济地理，2012，32（12）：34 – 39.

[108] 姚林如，杨海军，王笑．不同环境规制工具对企业绩效的影响分析 [J]．财经论丛（浙江财经学院学报），2017（12）：107 – 113.

[109] 姚昕，刘希颖．基于增长视角的中国最优碳税研究 [J]．经济研究，2010，45（11）：48 – 58.

[110] 叶琴，曾刚，戴劲勋，等．不同环境规制工具对中国节能减排技术创新的影响——基于285个地级市面板数据 [J]．中国人口·资源与环境，2018，28（02）：115 – 122.

[111] 于斌斌，金刚，程中华．环境规制的经济效应："减排"还是"增效" [J]．统计研究，2019，36（02）：88 – 100.

[112] 于连超，张卫国，毕茜．环境税会倒逼企业绿色创新吗？[J]．审计与经济研究，2019，34（02）：79 – 90.

[113] 余东华，孙婷．环境规制、技能溢价与制造业国际竞争力 [J]．中国工业经济，2017（05）：35 – 53.

[114] 余伟，陈强．"波特假说"20 年——环境规制与创新、竞争力研究述评 [J]．科研管理，2015（05）：65 – 71.

[115] 俞业夔，李林军，李文江，等．中国碳减排政策的适用性比较研究——碳税与碳交易 [J]．生态经济，2014，30（05）：77 – 81.

[116] 袁红林，辛娜，邓宏亮．承接产业转移能兼顾经济增长和环境保护吗？——来自江西省的经验证据 [J]．江西社会科学，2018，38（07）：66 – 74.

[117] 原毅军，谢荣辉．环境规制的产业结构调整效应研究——基于中国省际面板数据的实证检验 [J]．中国工业经济，2014（08）：57 – 69.

[118] 臧传琴．环境规制工具的比较与选择——基于对税费规制与可交易许可证规制的分析 [J]．云南社会科学，2009（06）：97 – 102.

[119] 张成，陆旸，郭路，于同申．环境规制强度和生产技术进步 [J]．经济研究，2011，46（02）：113 – 124.

[120] 张华，魏晓平．绿色悖论抑或倒逼减排——环境规制对碳排放

影响的双重效应［J］.中国人口·资源与环境，2014，24（09）：21－29.

［121］张俊，林卿.产业转移对我国区域碳排放影响研究——基于国际和区域产业转移的对比［J］.福建师范大学学报（哲学社会科学版），2017（04）：72－80.

［122］张三峰，卜茂亮.环境规制、环保投入与中国企业生产率——基于中国企业问卷数据的实证研究［J］.南开经济研究，2011（02）：129－146.

［123］张同斌，刘琳.中国碳减排政策效应的模拟分析与对比研究——兼论如何平衡经济增长与碳强度下降的双重目标［J］.中国环境科学，2017，37（09）：3591－3600.

［124］张晓梅，庄贵阳.中国省际区域碳减排差异问题的研究进展［J］.中国人口·资源与环境，2015（02）：135－143.

［125］赵爱文，李东.中国碳排放的 EKC 检验及影响因素分析［J］.科学学与科学技术管理，2012，33（10）：107－115.

［126］赵红.环境规制对中国产业技术创新的影响［J］.经济管理，2007（21）：57－61.

［127］Albrizio, S. , T. Kozluk, and V. Zipperer. Environmental policies and productivity growth: Evidence across industries and firms［J］. Journal of Environmental Economics and Management, 2017, 81: 209－226.

［128］Alpay E. , Buccola S. , Kerkvliet J. Productivity growth and environmental regulation in Mexican and U. S. food manufacturing［J］. American Journal of Agricultural Economics, 2002, 84 (4): 887－901.

［129］Atkinson S. E. and D. H. Lewis. A cost-effectiveness analysis of alternative air quality control strategies［J］. Journal of Environmental Economics and Management, 1974, 1 (3): 237－250.

［130］Auffhammer, M. , Richard, C. Forecasting the path of China's CO_2 emissions using province-level information［J］. Journal of Environmental Economics and Management, 2009, 55 (3): 229－247.

［131］Barbera A. J. , McConnel V. D. The impact of environmental regulations on industry productivity: Direct and indirect effects［J］. Journal of Environmental Economics and Management, 1990, 18 (1): 50 – 65.

[132] Benz, E., Truck, S. Modeling the price dynamics of CO_2 emission allowances [J]. Energy Economics, 2009, 31 (1): 4 – 15.

[133] Boyd G. A. and J. D. McClelland. The impact of environmental constraints on productivity improvement in integrated paper plants [J]. Journal of Environmental Economics and Management, 1999, 38 (2), 121 – 142.

[134] Bramhall D. E. and Mills E. S. A note on the asymmetry between fees and payments [J]. Water Resources Research, 1966, No. 3, 615 – 616.

[135] Bruvoll, A., Medin, H. Factors behind the environmental kuznets curve: A decomposition of the changes in air pollution [J]. Environmental & Resource Economics, 2003, 24 (1): 27 – 48.

[136] Coase, R. H. The problem of social cost [J]. Journal of Law & Economics, 1960, 3 (4): 1 – 14.

[137] Cole M. A., Elliott R. J. R. and Shimamoto K. Why the grass is not always greener: The competing effects of environmental regulations and factor intensities on US specialization [J]. Ecological Economics, 2005, 54 (1), pp. 95 – 109.

[138] Cropper M. L. and Oates W. E. Environmental Economics: A Survey [J]. Journal of Economic Literature, 1992, 30 (02): 675 – 740.

[139] Fisher-Vanden, K. Management structure and technology diffusion in Chinese state-owned enterprises [J]. Energy Policy, 2003, 31 (3): 247 – 257.

[140] Francesco Testa, Fabio Iraldoa, Marco Freya. The effect of environmental regulation on firms' competitive performance: The case of the building & construction sector in some EU regions [J]. Journal of Environmental Management, 2011, 92 (9): 2136 – 2144.

[141] Frank S, Les O. Reducing carbon emissions? The relative effectiveness of different types of environmental tax: the case of New Zealand [J]. Environmental Modelling & Software, 2005, 20 (11): 1439 – 1448.

[142] Frondel M., Horbach J., Rennings K. What triggers environmental management and innovation? Empirical evidence for Germany [J]. Ecological

Economics, 2007, 66 (1).

[143] Govinda R. T., Stefan C. When does a carbon tax on fossil fuels stimulate biofuels [J]. Ecological Economics, 2011, 70 (12): 2400 – 2409.

[144] Gray W. B., Shadbegian R. J. Environmental regulation, investment timing, and technology choice [J]. Journal of Industrial Economics, 1998 (2): 235 – 256.

[145] Halicioglu, F. An econometric study of CO_2 emissions, energy consumption, income and foreign trade in Turkey [J]. Energy Policy, 2009, 37 (3): 1156 – 1164.

[146] Hamamoto, M. Environmental regulation and the productivity of Japanese manufacturing industries [J]. Resource and Energy Economics, 2006, 28 (4): 299 – 312.

[147] Hamilton, C., Turton, H. Determinants of emissions growth in OECD countries [J]. Energy Policy, 2002, 30 (1): 63 – 71.

[148] Heyes, A. Is environmental regulation bad for competition? A survey [J]. Journal of Regulatory Economics, 2009, 36 (1): 1 – 28.

[149] Iraldo F., Testa F., Frey. Is an environmental management system able to influence environmental and competitive performance? The case of the Eco-management and audit scheme (EMAS) in the European Union [J]. Journal of Cleaner Production, 2009, 17 (16).

[150] Jaffe A. B., Palmer K. Environmental regulation and innovation: A panel data study [J]. Review of Economics and Statistics, 1997, 79 (4): 610 – 619.

[151] Jaffe A. B., Peterson S. R., Portney P. R., and Stavins R. N. Environmental regulation and the competitiveness of U. S. manufacturing: What does the evidence tell us [J]. Journal of Economics Literature, 1995 (33): 132 – 63.

[152] Jintao Xu, Hyde W. F., Amacher G. S. China's paper industry: growth and environmental policy during economic reform [J]. Journal of Economic Development, 2003.

[153] Jorgenson D. J., Wilcoxen P. J. Environmental regulationand U. S eco-

nomic growth [J]. The RAND Journal of Economics, 1990, 21 (2): 313 – 340.

[154] Kamien M. I., Schwartz N. L., and Dolbear. F. T. Asymmetry between bribes and charges [J]. Water Resources ResearchⅡ, 1966, No. 1: 147 – 157.

[155] Kneese A. V., Bower B. T. Managing Water Quality: Economics, Technology, Institutions [M]. Baltimore John Hopkins Press, 1968: 175 – 178.

[156] Kneller R, Manderson E. Environmental regulations and innovation activity in UK manufacturing industries [J]. Resource & Energy Economics, 2012, 34 (2): 211 – 235.

[157] Kohn, Robert E. A general equilibrium analysis of the optimal number of firms in a polluting industry [J]. Canadian Journal of Economics, 1985, 18 (2): 347 – 354.

[158] Lanoie P., Patry M., Lajeunesse R., Lanoie P., Patry M., Lajeunesse R. Environmental regulation and productivity: Testing the porter hypothesis [J]. Journal of Productivity Analysis, 2008, 30 (2): 121 – 128.

[159] Lanoie, P., J. Lucchetti, N. Johnstone, and S. Ambec. Environmental policy, innovation and performance: New insights on the porter hypothesis [J]. Journal of Economics & Management Strategy, 2011, 68 (3): 390 – 411.

[160] Magat W. A. Pollution control and technological advance: A dynamic model of the firm [J]. Journal of Environmental Economics & Management, 1978, 5 (1): 1 – 25.

[161] Malueg, D. A. Emission credit trading and the incentive to adopt new pollution abatement technology [J]. Journal of Environmental Economics and Management, 1989, 16: 52 – 57.

[162] Martínez-Zarzoso I., Bengochea-Morancho, A., Morales-Lage, R. The impact of population on CO_2 emissions: Evidence from European countries [J]. Environment and Research Economics, 2007, 38 (4): 497 – 512.

[163] Milliman S. R. and R. Prince. Firm incentives to promote technological change in pollution control [J]. Journal of Environmental Economics & Management, 1989, 17 (3): 247 – 265.

［164］ Porter M. E. , Linde C. V. D. Toward a new conception of the environment competitiveness relationship ［J］. The Journal of Economic Perspectives, 1995, 9 (4): 97 – 118.

［165］ Porter M. E. America's green strategy ［J］. Scientific American, 1991 (4): 193 – 246.

［166］ Rassier D. G. , Earnhart D. The Effect of clean water regulation on profitability: testing the porter hypothesis ［J］. Land Economics, 2010, 86 (2): 329 – 344.

［167］ Seskin E. P. , Jrrja, Reid R. O. An empirical analysis of economic strategies for controlling air pollution ［J］. Journal of Environmental Economics & Management, 1983, 10 (2): 112 – 124.

［168］ Shi, A. The impact of population pressure on global carbondioxide emissions, 1975 – 1996: evidence from pooled cross-country data ［J］. Ecological Economics, 2003, 44 (2): 29 – 42.

［169］ Sinn H. W. Public policies against global warming: A supply side approach ［J］. International Tax Public Finance, 2008, 15: 360 – 394.

［170］ Stavins, R. N. , Experience with Market-Based Environmental Policy Instruments, FEEM Working Paper No. 52. 2002; KSG Working Paper No. 00 – 004, 2002.

［171］ Stern N. The economics of climate change ［J］. American Economic Review, 2008, 98 (2): 1 – 37.

［172］ Stern, D. I. Explaining changes in global sulphur emissions: an econometric decomposition approach ［J］. Ecological Economics , 2002, 42 (1): 201 – 220.

［173］ Sterner T. Policy Instruments for Environmental and Natural Resource Management ［M］. RFF press in collaboration with the World Bank and Sida: Washington DC, 2002.

［174］ Sterner, T. The Selection and Design of Policy Instruments: Applications to Environmental Protection and Natural Resource Management. World Bank Working Paper, 2002, No. 2212.

[175] Telle K. , Larsson J. Do environmental regulations hamper productivity growth? How accounting for improvements of plants' environmental performance can change the conclusion [J]. Ecological Economics, 2007, 61 (2): 438 – 445.

[176] Teng M. J. , Wu S. Y. Environmental commitment and economic performance-short-term for longterm gain [J]. Environmental Policy & Governances, 2014, 24: 16 – 27.

[177] Tietenberg T. Information Strategies for Pollution Control. The Eighth Annual Conference of European Association of Environmental and Resource Economists, 1997.

[178] Villegas-Palacio C. , Coria J. On the interaction between imperfect compliance and technology adoption: Taxes versus tradable emissions permits [J]. Journal of Regulatory Economics, 2010, 38 (3): 274 – 291.

[179] Viscusi, W. Kip. Frameworks for analyzing the effects of risk and environmental regulations on productivity [J]. The American Economic Review, 1983, 73 (4): 793 – 801.

[180] Walter, I. , and Ugelow, J. L. Environmental policies in developing countries [J]. Ambio, 1979, Vol. 8, 102 – 109.

[181] Weitzman M. L. Price vs Quantities [J]. The Review of Economic studies, 1974, 41 (4): 477 – 491.

[182] Zhu S. , He C. , Liu Y. Going green or going away: Environmental regulation, economic geography and firms' strategies in China's pollution-intensive industries [J]. Geoforum, 2014, 55 (55): 53 – 65.

后　　记

　　本书是笔者主持的教育部人文社会科学青年基金项目"西部地区工业碳排放地区差异与环境规制优化研究"（项目编号：15YJC630130）的最终研究成果，在此，感谢教育部社会科学司对于项目的立项资助。

　　在项目研究的过程中，首先要感谢我的领路人——内蒙古财经大学会计学院院长晓芳教授。晓芳教授气度之儒雅、学识之渊博、见解之精辟、治学之严谨，无不让笔者感受到学者之风范，没有晓芳老师的提携和点醒，笔者可能会走更多的弯路才能成为一名合格的教师。

　　本书也是课题组成员多年合作的结晶。参加课题研究和本书部分章节执笔撰写工作的课题组成员还有郑燕教授、张建斌教授、李平教授、封桂芹副教授、陶娅副教授、张占军老师和王潇老师等，没有团队成员的辛勤努力和精诚合作，就不会有本书的出版。在此，向课题组成员和科研团队成员表示衷心的感谢。

　　还要感谢与我一起爬山的硕士研究生杨松岩、宝胡日查、金珠梅、张洋、姜玮琦和金鑫，在项目研究的过程中，他们认真负责地帮我收集和整理了相关数据资料，与年轻的他们切磋交流，也让我受益匪浅。

　　关于西部地区工业碳减排和环境规制优化问题的研究仍然有许多未解问题，本书的研究成果也存在许多不足之处，祈望学术界同仁不吝赐教。

王艳林

2021 年 8 月 2 日